普通高等教育"十一五"国家级规划教材
高职高专计算机系列规划教材

Flash CS6 实例教程
（第 3 版）

王亦工　主编

电子工业出版社
Publishing House of Electronics Industry
北京·BEIJING

内 容 简 介

本教材包含了关于 Flash CS6 所有核心的、最重要的应用技术的讲解以及丰富的实例演示，帮助读者在有限的时间内，最有效地掌握 Flash CS6 核心技术。本书内容包括：（1）各种工具介绍，如基本绘图工具、颜色工具、文字工具、装饰性绘图工具以及 3D 工具；（2）各种动画制作技术讲解，包括逐帧动画、补间形状、补间动画、骨骼工具和反向运动、滤镜和混合技术、遮罩技术；（3）综合技能运用，包括 Flash MV 动画制作技术和视频处理和制作技术。

本书实例丰富、有趣、实用。实例的设计以最能体现知识点为原则，帮助读者快速掌握相关知识点。各章配有实训和源文件。

未经许可，不得以任何方式复制或抄袭本书之部分或全部内容。
版权所有，侵权必究。

图书在版编目（CIP）数据

Flash CS6 实例教程/王亦工主编. —3 版. —北京：电子工业出版社，2014.1
普通高等教育"十一五"国家级规划教材　高职高专计算机系列规划教材
ISBN 978-7-121-22038-8

Ⅰ.①F… Ⅱ.①王… Ⅲ.①动画制作软件－高等职业教育－教材 Ⅳ.①TP391.41

中国版本图书馆 CIP 数据核字（2013）第 284475 号

策划编辑：吕　迈（lumai@phei.com.cn）
责任编辑：靳　平
印　　刷：北京京科印刷有限公司
装　　订：北京京科印刷有限公司
出版发行：电子工业出版社
　　　　　北京市海淀区万寿路 173 信箱　邮编　100036
开　　本：787×1 092　1/16　印张：12.25　字数：313.6 千字
版　　次：2004 年 8 月第 1 版
　　　　　2014 年 1 月第 3 版
印　　次：2016 年 1 月第 2 次印刷
定　　价：25.00 元

凡所购买电子工业出版社图书有缺损问题，请向购买书店调换。若书店售缺，请与本社发行部联系，联系电话及邮购电话：（010）88254888。
质量投诉请发邮件至 zlts@phei.com.cn，盗版侵权举报请发邮件至 dbqq@phei.com.cn。
服务热线：（010）88258888。

前　言

十几年前，Macromedia（Flash 的开发商）就提出了富互联网应用（简称 RIA）的概念。富互联网应用业务以其丰富生动的内容、创新性和互动性、良好的用户体验，得到蓬勃发展，而优秀的 Flash 在 RIA 中的霸主地位始终如一，即使 RIA 领域的新星 HTML5（可以提供用于绘画的 Canvas 元素）也未能撼动 Flash 在 RIA 中的地位。借用腾讯 Flash 技术专家宿海成的话来说："Flash 发展到了今天，无论是功能还是用户群，都处在了一个前所未有的辉煌高度，充满了极大的商机。"有志投身于富互联网应用的朋友，深入学习 Flash 仍然是当今的首选。

本教程在过去的版本基础上做了较大改动，删除了不必要的知识点，并着重介绍了最实用的新增功能，力求做到实用、简洁、高效。本教程包含了关于 Flash 所有核心的、最重要的应用技术的讲解以及丰富的实例演示，帮助读者在有限的时间内，最有效地掌握 Flash 核心技术。教程的章节内容是按照技术分类而分布、安排的，而非按照课程需要的时间，故教师应根据具体的教学大纲重新安排各章节的学时。

由于定位和结构的原因，本教程中基本上没有包含 ActionScript（Flash 的编程语言）的内容，只是在非常必要的场合，简单介绍了一些代码的应用。如果希望在富互联网应用领域大展拳脚，还要继续学习 Flash 的编程语言，而 AS3（或 AS2）是需要花大力气去学习的另一门课程。

本书由王亦工主编。本书编委会人员有：王幼松、涂英、张伦、郑磊、姜峰、郭春锋、张月、李海青、杨晶晶、夏辉、胡楠、徐芳、李琦、刘剑、王永成。

教程中实例用 Flash 文件、素材及实训文件，电子教案请到电子工业出版社网站（www.hxedu.com.cn）或作者的个人网站下载。欢迎对本教程提出宝贵建议，如在书中发现错误，请与出版社或作者联系，在此万分感谢！

作者的联系方式：
网站：http://cheerfulsoho.com/adobe-flashcs6-phei-download/
E-mail：wang.yi.gong@hotmail.com

王亦工
2013 年 9 月

目 录

CONTENTS

第 1 章　Flash CS6 在富互联网应用中的地位 ·········· 1
- 1.1　富互联网应用中的宠儿 ·········· 1
- 1.2　关于 Flash CS6 和 HTML5 的背景信息 ·········· 2
- 1.3　Flash 在 HTML5 市场中的地位 ·········· 3
- 1.4　利用 Google Swiffy 工具转换 Flash 动画为 HTML5 动画 ·········· 4
- 1.5　利用工具包 CreateJS，转换 Flash 动画为 HTML5 动画 ·········· 9
- 实训 1 ·········· 10

第 2 章　Flash CS6 基本绘图工具 ·········· 11
- 2.1　Flash CS6 工作区 ·········· 11
  - 2.1.1　舞台和面板 ·········· 11
  - 2.1.2　时间轴和图层 ·········· 12
  - 2.1.3　文档和文件名 ·········· 13
- 2.2　基本绘图工具 ·········· 15
  - 2.2.1　线条类绘图工具 ·········· 15
  - 2.2.2　形状类绘图工具 ·········· 16
  - 2.2.3　刷子工具和橡皮擦工具 ·········· 19
  - 2.2.4　选取工具 ·········· 19
  - 2.2.5　变形工具 ·········· 19
- 2.3　实例 ·········· 21
- 实训 2 ·········· 27

第 3 章　Flash CS6 的颜色工具和文字工具 ·········· 28
- 3.1　色彩基本知识 ·········· 28
- 3.2　颜色工具 ·········· 30
  - 3.2.1　颜色面板 ·········· 30
  - 3.2.2　使用十六进制颜色代码 ·········· 31
  - 3.2.3　颜色类型 ·········· 32
  - 3.2.4　墨水瓶和颜料桶工具 ·········· 33
- 3.3　利用颜色工具制作实例 ·········· 34
- 3.4　文字工具 ·········· 40
  - 3.4.1　文本和文本类型 ·········· 40
  - 3.4.2　TLF 文本 ·········· 43
  - 3.4.3　动态文本和输入文本 ·········· 44
  - 3.4.4　消除锯齿和嵌入字体 ·········· 45
- 实训 3 ·········· 45

第 4 章　Flash CS6 图像处理与装饰性绘图工具 ·········· 47
- 4.1　库、公用库及图片管理 ·········· 47
- 4.2　处理图像 ·········· 49
- 4.3　处理元件 ·········· 53
- 4.4　喷涂刷工具 ·········· 55
- 4.5　装饰工具——Deco 工具 ·········· 59
- 4.6　三维工具——3D 平移和 3D 旋转工具 ·········· 62
- 实训 4 ·········· 64

第 5 章　Flash CS6 逐帧动画技术 ·········· 65
- 5.1　动画原理 ·········· 65
- 5.2　帧和动画类型 ·········· 67
- 5.3　逐帧动画制作实例 ·········· 69
- 实训 5 ·········· 78

第 6 章　Flash CS6 补间形状动画技术 ·········· 80
- 6.1　形状的概念 ·········· 80
- 6.2　简单的补间形状动画 ·········· 81

V

6.3 补间形状的方向控制方法……………82
6.4 各种形状的补间形状动画制作
实例…………………………………85
实训 6…………………………………………96

第 7 章 Flash CS6 补间动画技术………97

7.1 传统补间动画技术…………………97
　　7.1.1 传统补间的概念……………97
　　7.1.2 传统补间 1——直线运动……99
　　7.1.3 传统补间 2——沿轨迹
运动…………………………102
　　7.1.4 复杂的传统补间——动画
中的动画……………………104
7.2 补间动画技术………………………105
　　7.2.1 补间动画与传统补间的
不同…………………………105
　　7.2.2 简单的补间动画……………106
　　7.2.3 具有 3D 效果的补间动画……107
　　7.2.4 动画预设……………………108
实训 7…………………………………………111

第 8 章 Flash CS6 骨骼工具和反向运动（IK）…………………………112

8.1 使用形状作为多块骨骼的容器……112
8.2 向元件添加 IK 骨架…………………114
8.3 向骨骼添加弹簧属性………………117
实训 8…………………………………………120

第 9 章 Flash CS6 滤镜和混合模式（1）……………………………121

9.1 滤镜技术简介………………………121
9.2 投影滤镜……………………………122
9.3 模糊滤镜……………………………128
9.4 混合模式简介………………………130
　　9.4.1 混合模式概念………………130
　　9.4.2 设置混合模式………………131
　　9.4.3 各种混合模式简介…………132
9.5 混合模式实例………………………134

实训 9…………………………………………141

第 10 章 Flash CS6 遮罩技术和混合模式（2）……………………142

10.1 遮罩基本概念………………………142
10.2 静态遮罩……………………………145
10.3 动态遮罩……………………………147
10.4 复杂的遮罩…………………………148
10.5 利用混合模式制作柔和边缘
遮罩…………………………………158
　　10.5.1 图层、Alpha、擦除模式的
关系…………………………159
　　10.5.2 利用图层、Alpha 混合模式
创建柔和边缘遮罩…………160
实训 10………………………………………163

第 11 章 Flash MV 动画制作技术……164

11.1 Flash MV 的特点……………………164
11.2 制作 Flash MV 所需的工作…………164
11.3 音乐与动画同步……………………166
11.4 模拟镜头的移动……………………168
11.5 淡入淡出效果………………………172
11.6 模拟快速运动………………………172
11.7 模拟慢镜头…………………………174
实训 11………………………………………175

第 12 章 Flash CS6 视频处理和制作技术…………………………176

12.1 Flash 视频的营销意义………………176
12.2 利用 Adobe 媒体编码器转换
视频格式……………………………177
12.3 使用播放组件加载外部视频………179
12.4 将视频嵌入到 swf 文件……………180
　　12.4.1 将视频嵌入到时间轴……180
　　12.4.2 将视频嵌入到影片剪辑……182
12.5 为视频加入特效……………………182
12.6 将动画转换为视频…………………187
实训 12………………………………………189

第 1 章
Flash CS6 在富互联网应用中的地位

1.1 富互联网应用中的宠儿

Flash 以其卓越的网络体验、无与伦比的视觉表现力占据了 99%的桌面领域的联网计算机。Flash 播放器在联网计算机中的普及率数据如图 1.1 所示。图中数据是 Millward Brown survey 调查公司基于 2011 年 7 月的调查结果。

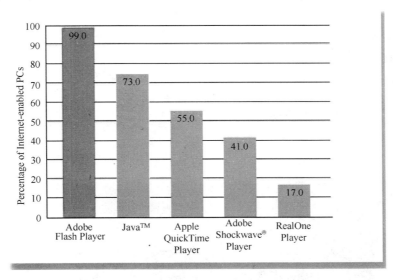

图 1.1　Flash 播放器在联网计算机中的普及率数据（2011 年 7 月）

Flash 的每一次升级都带来一些令人兴奋的新功能。3D 功能和硬件加速无疑会给用户带来更好用户体验，也使其成为目前开发多媒体、富互联网应用（Rich Internet Application, RIA）的最好工具和平台，令设计师和开发者都振奋不已。

富互联网应用（RIA）的概念是 Flash 的开发商 Macromedia 公司十几年前提出的。仅仅经过几年的发展，RIA 就展现出非凡、迷人的魅力，以其丰富生动的内容、创新性和互动性、良好的用户体验，得到蓬勃发展，而优秀的 Flash 在 RIA 中的霸主地位始终如一，即使 RIA 领域的新星 HTML5（可以提供用于绘画的 Canvas 元素）也未能撼动 Flash 在 RIA 中的地位。

　　Adobe 公司与 Macrpmedia 公司合并后，继续为 RIA 的开发创建最好的工具，促进 RIA 的发展。Flash 播放器仍然是下载次数最多的独立软件，可以运行在除了移动设备之外的所有主流平台和主要设备上。很显然，基于 Flash 进行 RIA 开发仍然是很多开发人员的首选。借用腾讯 Flash 技术专家宿海成的话来说：“Flash 发展到了今天，无论是功能还是用户群，都处在了一个前所未有的辉煌高度，充满了极大的商机。”有志投身于富互联网应用的朋友，深入学习 Flash 仍然是当今的首选。

1.2　关于 Flash CS6 和 HTML5 的背景信息

　　关于 Flas 和 HTML5 的讨论已经沸沸扬扬了好长一段时间。拥护 Flash 和拥护 HTML5 的两个阵营的人们各说其词。因为 HTML5 可以实现一些网页上的动画，所以一些人悲观地认为 Flash 前景不会有好。那么让我们看看一群同时使用 Flash 和 HTML5 作为工具开发项目的设计师和开发者们对两者的评价。

　　2012 年夏天，他们用 Flash 做了一款游戏，然后把相同的 Flash 游戏完全移植到 HTML5，测试 Flash 和 HTML5 两种环境下，有什么不同。

　　测试的结果表明，除了移动浏览器之外，Flash 在桌面浏览器支持、硬件加速、文件管理、可视化创作等方面都遥遥领先于 HTML，具有绝对优势。在移动浏览器方面，因为 Flash 退出了这个领域，目前的手机浏览器已经不再有 Flash 插件，而几乎所有的移动浏览器都支持 HTML5，所以 HTML5 在这方面具有绝对优势。综合比较后，Flash 和 HTML5 打成平手。如图 1.2 所示，比较之后他们得出结论：“Flash 和 HTML5 都是工具，我们喜欢我们所使用的所有工具。在技术上偏袒哪一方对我们都不利。我们既爱 Flash 也爱 HTML5！”

图 1.2　设计师和开发者们既喜欢 Flash 又喜欢 HTML5

有兴趣的读者可以去网站（http://flashvhtml.com）看看他们制作的评价 Flash 和 HTML5 的动画。

提示：打开网站后，滑动鼠标的滑轮，就可以控制动画的向前和向后运动，并可控制动画的快慢。

根据专注于 HTML5 中国市场开发的网站 html5cn.org 发表的文章"HTML5 正式标准真的要到 2022 年才能发布吗"（发布时间为 2013 年 4 月 23 日），最近负责制定 HTML5 标准的组织负责人伊恩·希克森（Ian Hickson）为 HTML5 的推出拟了一个时间表，HTML5 正式标准直到 2022 才会发布。距现在还有十来年的时间。文章中提到，现在 HTML5 尚未有统一标准，有一件事情是相当明确的——在 HTML5 草案与目前建设各种网站正处于水生火热之中的开发人员之间存在着某些巨大的差距。请注意，文章中用到了一个词"水深火热"。

其实，即使 HTML5 标准发布、各浏览器有了统一的开发工具后，HTML5 可以取代的也只是 Flash 一小部分功能，更多的 Flash 功能 HTML5 是无法取代的。担心 Flash 会退出历史舞台实在是杞人忧天。实际情况正相反，用 Adobe RIA 专家杜增强的话来说："我认为近几年 Flash 技术仍会继续称霸 Web 2D 应用和游戏，随着 Stage3D、Flash CC、多线程支持等高级功能的出现和不断完善，Flash 在 3D 方面也会进一步'攻城略地'，逐步占有更多的市场份额"。而腾讯 Flash 技术专家宿海成更认为："Flash 发展到了今天，无论是功能还是用户群，都处在了一个前所未有的辉煌高度，充满了极大的商机。"

如果专注于移动市场的开发，那么 HTML5 无疑是首选。就连 Adobe Flash 平台首席产品经理迈克·钱伯斯（Mike Chambers）也承认："由于移动平台（手机、平板计算机）的强力支持，HTML5 在移动平台上的地位就好比桌面领域的 Flash。HTML5 的确是在移动平台上为浏览器创建和部署丰富内容的最佳科技。"

因此，我们既要继续热爱 Flash，也要过问 HTML5。同学们学习 Flash 之余，也可以学习 HTML5 的技术，这对于占领移动应用这块巨大的市场绝对是有竞争优势的。同时具备 Flash 和 HTML5 的技能，在今后的职场生涯中就可以更加得心应手、游刃有余。

1.3 Flash 在 HTML5 市场中的地位

就目前 HTML5 市场的状况，即使在 HTML5 市场 Flash 也还是大有用武之地的。利用 Google 的 Swiffy 扩展和 Adobe 的工具包 CreateJS，可以轻易地将 Flash 动画转换为 HTML5 动画。由于现在 HTML5 创作工具相对处于起步阶段，没有明确的行业标准，也没有有效的开发工具，而用 Flash 制作动画则是轻而易举的事情，所以很多人还是用 Flash 制作动画，然后转换成 HTML5 文件。上面提到的网站（http://flashvhtml.com）也是用 Flash 制作布局的。

为了扩大 Flash 的市场并尽可能让最广泛的观众接触到 Flash，ADOBE 开发了一款将 Flash 文件转换为 HTML5 文件的工具包 CreateJS。

在 Adobe 公司开发出 CreateJS 工具之前，Google 已经率先开发出一款很好用的工具 Swiffy，可以将 Flash 文件转换为 HTML5 文件。Google 提供了在线转换和扩展两种方式。下面我们先了解怎样使用 Google 的 Swiffy 工具，然后再介绍 Adobe 公司的工具包 CreateJS。

1.4 利用 Google Swiffy 工具转换 Flash 动画为 HTML5 动画

1．利用 Google 在线工具 Swiffy 转换 Flash 到 HTML5

进入链接（https://www.google.com/doubleclick/studio/swiffy/），如图 1.3 所示，上传 Flash 的 SWF 文件并开始转换。

图 1.3　Google Swiffy 在线转换网页

转换结束后，Flash 原始文件和转换后的 HTML5 同时显示在页面中。上面的动画是 Flash 原始文件，下面的是 HTML5 文件。怎么知道转换后的网页里的动画各是哪类动画？有一个办法可以区分。在动画部位单击鼠标右键，根据菜单的不同，我们就很容易判断是什么类型的动画了。有 Flash 播放器信息的当然是嵌套在网页中的 Flash 动画了，而 HTML5 动画则含有审查元素等字样，如图 1.4 所示。

要特别说明的是，Swiffy 在转换为 HTML5 文件后，还生成了一个 QR 码，使我们可以在移动设备上运行动画。例如，HTML5 文件的 QR 码如图 1.5 所示。

感兴趣的同学可以用手机的 QR 识别器扫描一下，然后就可以在手机上看这个动画了。

本教程提供了几个 Flash 文件，同学们可以按照例子中的步骤，体验一下转换过程，验证转换结果。

第 1 章　Flash CS6 在富互联网应用中的地位

图 1.4　转换后的动画显示

图 1.5　HTML5 文件的 QR 码

2．利用 Google 扩展 Swiffy，转换 Flash 到 HTML5

1）下载 Google Swiffy

到下面的链接下载 Swiffy：

https://www.google.com/doubleclick/studio/swiffy/extension.html。

2）安装

双击下载了的 Google Swiffy，Adobe 公司的 Extension Manager 扩展管理器就会自动弹出，第 1 个画面是例行的扩展声明画面，如图 1.6 所示。单击接受【Accept】，然后选择

图 1.6　扩展声明

计算机上的用户，来确定是自己用还是对计算机上的所有人都安装，如图 1.7 所示，最后单击安装【Install】。

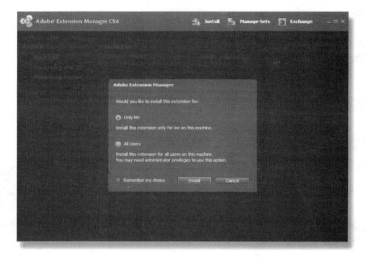

图 1.7　安装对象

安装完成如图 1.8 所示。

图 1.8　安装完成

3）转换动画

利用 Swiffy 扩展，可以转换 fla 文件，也可以转换 swf 文件。首先启动 Flash，单击【文件】→【打开】，找到计算机中将要转换的 fla 动画文件，然后再单击【命令】→【Export As HTML5 (Swiffy)】，如图 1.9 所示。

注意：fla 文件和 swf 文件是 Flash 的两种文件格式。fla 文件是 Flash 的源文件，我们制作 Flash 动画，就是在构建、编辑 fla 文件。一旦发布后生成了 swf 文件，swf 文件是播放文件，是不可以修改的，详见第 2 章第 2.1.3 节。

转换完成后，HTML 文件会自动打开并运行。在 Flash 的输出框中会显示输出文件的位置和名字，如图 1.10 所示。

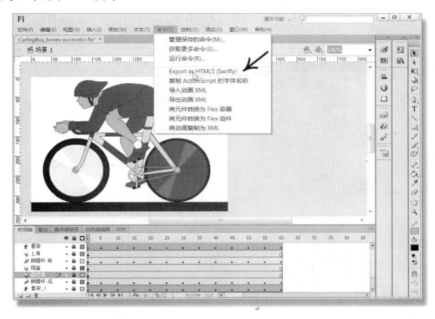

图 1.9　用 Swiffy 扩展转换 Flash 动画

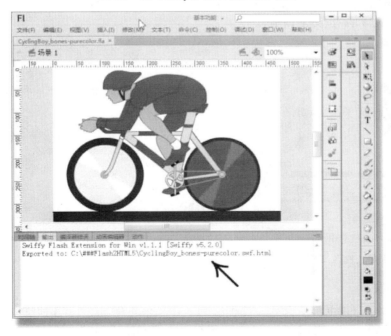

图 1.10　转换后生成的 HTML5 文件位置和名字

如果将 swf 文件转换成 HTML5 文件，则进行如下操作。
（1）新建一个 Flash 源文件。

首先启动 Flash，然后单击【新建】，如图 1.11 所示。

（2）导入 swf 文件。

单击【文件】→【导入】→【导入到舞台】，选择计算机中的 swf 文件，然后单击【确定】，如图 1.12 所示。

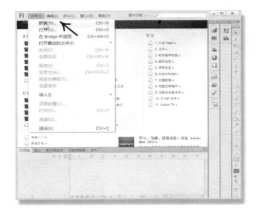

图 1.11　新建 Flash 文件　　　　　　　图 1.12　导入 Flash 文件

（3）调整文件尺寸。

导入的文件可能与新建的 Flash 舞台尺寸不一致，所以要做调整。单击【修改】→【文档】，单击匹配选项中的【内容】，则 Flash 文档尺寸修改为与内容匹配，即与导入的文件尺寸相同，如图 1.13 和图 1.14 所示。

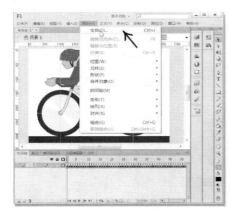 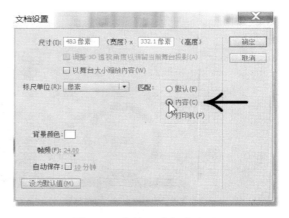

图 1.13　修改文档尺寸　　　　　　　图 1.14　文档尺寸与内容匹配

（4）转换文件。

swf 文件导入 Flash 后，变成了逐帧动画（详见第 5 章）。单击【命令】→【Export as HTML5(Swiffy)】。这时 Flash 会自动连接到 Google Swiffy 网页进行转换，如图 1.15 所示，所以你的计算机一定要连接互联网。

一旦转换完成，转换后的 HTML 网页会自动打开，动画开始播放。和上个例子一样，Flash 的输出框会显示新生成的 HTML5 文件的位置和名字，如图 1.16 所示。

第 1 章　Flash CS6 在富互联网应用中的地位　9

图 1.15　用 Swiffy 扩展转换

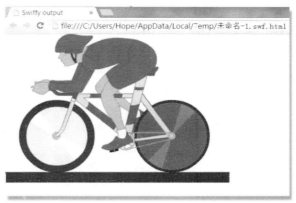
图 1.16　用 Swiffy 转换后生成的 HTML5 文件

从转换结果看，转换后的 HTML5 动画可能会比原始 Flash 动画慢。

另外，在线转换的话，目前 Swiffy 还不能转换尺寸大于 1024KB 的 swf 文件。

1.5　利用工具包 CreateJS，转换 Flash 动画为 HTML5 动画

1．下载 Adobe 公司的工具包 CreateJS

到下面的链接下载 Adobe 公司的工具包 CreateJS：
http://www.adobe.com/cn/products/flash/flash-to-html5.html。

2．安装 Adobe CreateJS 工具

这次我们用扩展管理器的安装按钮进行安装，如图 1.17 和图 1.18 所示。首先启动 Adobe 的扩展管理器，单击【开始】→【所有程序】，找到 Adobe 项下的"Adobe Extension Manager CS6"扩展管理器，单击启动。

图 1.17　启动 Adobe 扩展管理器

图 1.18　安装扩展

接下来的步骤和安装 Swiffy 相同。

3. 转换

启动 Flash CS6。单击【文件】→【打开】，找到计算机中要转换的 Flash 源文件 FLA 文件。

单击【命令】→【Publish for CreateJS】，则 Flash 开始转换，如图 1.19 所示。

图 1.19 用 Adobe CreateJS 转换 Flash 到 HTML5 文件

其他步骤与使用 Swiffy 工具差不多，这里就不再多做介绍了。

应该说明的是，到目前为止 Adobe 公司的工具包 CreateJS 似乎没有 Google 公司的 Swiffy 工具转换效果好。CreateJS 不仅不能转换所有 Flash 文件，而且有些可以转换的文件，其结果也不太令人满意，比用 Swiffy 转换的结果差些。同学们应该关注工具的更新，希望 CreateJS 会有大的改进。

实训 1

将教材提供的 Flash 文件或自己收集到的 Flash 文件转换成 HTML5 文件，并检验转换后的结果。

第2章 Flash CS6 基本绘图工具

本章将介绍 Flash CS6 工作区和基本绘图工具，从下章起将陆续介绍各种功能。

▶ 2.1 Flash CS6 工作区

2.1.1 舞台和面板

让我们先了解一下 Flash CS6 的工作区域。

Flash CS6 提供了 7 种工作区。不同的使用者可以根据自己的需要和习惯，通过工作区选择器选择自己喜欢的工作区模式。对于初学者或大多数的场合，选择基本功能工作区即可。默认工作区为基本功能工作区。

Flash CS6 工作区的各组成部分如图 2.1 所示。

舞台是为动画组织内容以及显示动画的地方。舞台大小是可以调整的。舞台之外的时间轴、图层、工具栏、各种面板以及控制菜单等构成了整个工作区。

标尺和辅助线是定位工具，参照标尺和辅助线，我们可以调整舞台上对象的位置。

右边的工具栏排列了一系列工具面板（或称工具按钮）。我们可以按照自己的意愿重新排列、调整各个工具面板的位置。如图 2.2 所示，在工具栏的左边线左右拖动鼠标，可以调整工具栏的宽度，拖动工具栏的顶部可以移动整个工具栏到新的位置，拖动某个工具面板按钮可以将其移动到新的位置。通常把自己常用的工具按钮放到顶部或靠近顶部的地方，或自己觉得顺手的地方，便于操作。

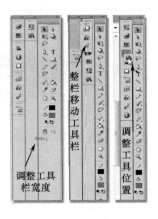

图 2.1　Flash CS6 工作区概貌　　　　　图 2.2　调整工具栏

2.1.2　时间轴和图层

Flash 动画是按照时间的顺序和空间的层次来排列和组织元素的，时间轴如图 2.3 所示。

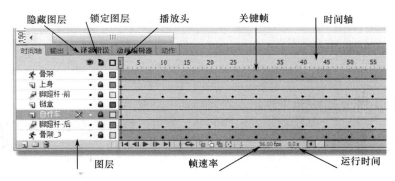

图 2.3　时间轴和图层

1．按时间顺序播放

Flash 文件是沿时间轴顺序播放的。帧以它们在时间上出现的顺序从左到右依次排列。播放的快慢取决于我们设置的帧频，或称帧速率。拖曳播放头可以观察各帧的变化以及动画效果。

2．按空间层次叠放

利用层可以把内容组织在独立的透明工作面上，这样即使某一元素和另一元素在时间轴上或帧上占用同一空间，也不会互相干扰，也可以对其单独进行编辑。层从底部到顶部垂直排列，上面层中的内容在显示时会遮盖住下面图层上重叠的内容。

关于图层对象的重叠，我们可以想象放映幻灯片时的情景。当我们在幻灯片放映机上放置一张透明的幻灯片时，幻灯片上的文字、图片清晰地放映到屏幕上。当我们将两张幻灯片叠加在一起再放映时，会出现什么现象？两张幻灯片上的所有文字、图像重叠在一起，上层的文字图像覆盖了下层的文字图像，Flash 的工作原理与此相似。

3．锁定和隐藏图层

当我们锁定某个图层时，该图层上的对象处于被保护状态，不能被修改。通常我们在编辑一个图层上的元件时，最好将其他图层锁定，以免误操作改动了不应被修改的对象。

当要观察下面图层在舞台上的对象时，最好将上面图层隐藏起来。

4．帧频和运行时间

帧频位置显示的是当前文档设置的播放帧频，即动画中每秒播放的帧数。运行时间指的是动画以设置的帧频播放时，播放头所在位置所需的时间。

其他内容，如关键帧、空白关键帧、补间动画等，将在后面各章节中陆续介绍。

2.1.3 文档和文件名

在学习 Flash CS6 基本绘图工具之前，先了解一下 Flash CS6 的文档属性。

1．文档属性

如图 2.4 所示，是 Flash CS6 文档属性设置对话框，显示了当前 Flash CS6 文档的基本属性值。

图 2.4 文档属性

文档属性的常用参数如下。

1）尺寸

这里说的尺寸指舞台的尺寸。默认的文档尺寸为 550 像素×400 像素，最小为 1 像素×1 像素；最大为 8192 像素×8192 像素。早期版本的最大尺寸曾经是 2880 像素×2880 像素。看来由于网速的提升，我们可以做更大尺寸的 Flash 动画了。

除了选择像素作为舞台尺寸的度量单位之外，还可以选择英寸、厘米、毫米等，但是最常用的还是选择像素。

2）帧频

默认帧频为每秒播放 24 帧。如果希望动画更快速播放，则增加帧频；反之让动画慢些播放，则减小帧频。

3）背景颜色

单击背景色框可以选择一种颜色作为背景色，但是只能设置纯色位背景色，不能设置渐变色。以后的实例中会介绍怎样用渐变色作为背景色。

4）匹配

将舞台尺寸与打印机、内容相匹配，或使用默认尺寸。常用尺寸为默认尺寸或与内容相匹配。如果从外部导入一张图片并希望将其作为动画背景，则选择与内容匹配。

5）自动保存

勾选上该项后，Flash 就会每隔一段时间自动保存正在编辑的文档。默认自动保存时间为 10min，你也可以调整为其他时间。

2. 文件名

1）fla 和 swf 文件

Flash 文件的源文件名以 fla 作为扩展名，发布后生成可以独立播放或嵌入到网页的输出文件，以 swf 为其扩展名。对于学生、个体开发者独立工作、不需要团队合作的场合，通常选择 fla 作为源文件、swf 作为输出文件。

2）xfl 文件

Flash CS6 的源文件保存格式，除了 fla 文件格式之外，新增加了 xfl 文件格式。xfl 文件是一个基于 xml 的文件集的开放式文件夹。

当保存源文件并选择"Flash CS6 未压缩文档（*.xfl）"时，源文件将保存为含有多个文件及子文件夹的一个文件夹。如图 2.5 所示，源文件 CyclingBoy 如果保存为 fla 文件的话，只会有一个 CyclingBoy.fla 文件；而如果保存为 xfl 文件格式，在计算机中则生成了一个名为 CyclingBoy 的文件夹，除了包含 CyclingBoy.xfl 文件之外，还有一系列的 xml 文件和其他文件。

DOMDocument.xml 文件是整个项目文件中的核心文件。在该文件中，我们可以看到所有有关文档的信息，包括时间轴、动作、补间路径等。

xfl 文件格式有什么意义呢？xfl 文件格式使团队可以更有效地协同合作。团队中的开发人员可以只修改 xml 文件（通常只要记事本就可以了，而不必具备 Flash CS6 软件）而达到修改 Flash 文件的目的。

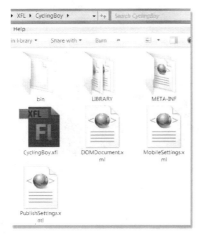

图 2.5　XFL 文档

2.2 基本绘图工具

2.2.1 线条类绘图工具

线条类绘图工具包括线条工具、铅笔工具、钢笔工具。首先我们看看线条工具的属性，单击工具栏中的线条工具按钮，然后单击属性面板按钮，就可以打开线条属性面板。如图 2.6 所示，所有线条类工具都具有实线、虚线、点状线等 7 种线型。线条类的三种工具（线条、钢笔和铅笔）的属性基本上类似，唯一不同的是铅笔又分了三种模式：伸直、平滑和墨水模式。当选择伸直模式时，画出的线条在线条转弯处显得有棱有角；当选择平滑模式时，即使在画线条时手有些抖动，画出的曲线都显得尽可能的平滑；而选择墨水模式时，系统不做调整，画出的线条保持着最原始的模样，如图 2.7 所示。

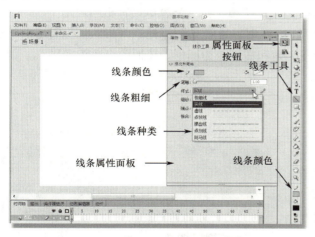

图 2.6 矩形工具组

图 2.7 铅笔模式

1. 线条工具

用于画直线。使用线条工具的同时按住 Shift 键，可以限制直线的倾斜角度只能是 45° 的倍数。

2. 铅笔工具

用于画线条、形状，通过设置选项，可以对线条进行更笔直或更圆滑的自动调整。使用铅笔工具的同时按住 Shift 键可以绘制水平或垂直的直线。

3. 钢笔工具

用于画精细的线条、平滑流畅或复杂的曲线。

2.2.2 形状类绘图工具

形状类绘图工具包括矩形工具、基本矩形工具、椭圆工具、基本椭圆工具和多角星形工具。

形状类绘图工具都隐藏在矩形工具按钮下，单击矩形工具按钮的右下角，可以弹出形状类工具列表，如图 2.8 所示。

1. 矩形工具

拖曳鼠标可以画矩形，同时按下 Shift 键可以绘制正方形。

用矩形工具可以绘制无描绘色（无边框）的矩形，或无填充色的矩形边框，还可以绘制圆角矩形。默认的边角半径为"0.00"，即无圆角的矩形。

将笔触颜色选为无色，如图 2.9 中笔触形状，则画出的巨型为无边框的矩形。同理，如果将填充色选为无色，则画出的矩形就是一个矩形框，中间无色。无色的设置参见【例 2-1】。

在设置矩形圆角时，如果保持四角锁定状态，则四个边角具有相同边角半径，即相同的圆角。如果单击锁定图标来解除锁定，这时锁定链条图标是断开形状，我们可以单独设置各个边角。例如，我们可以设置左上角和右下角为圆形，其他两个角为非圆形，则可以产生如图 2.9 所示的图形。

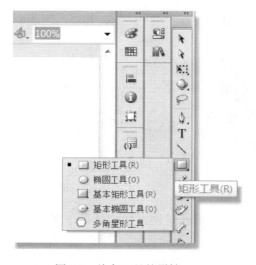

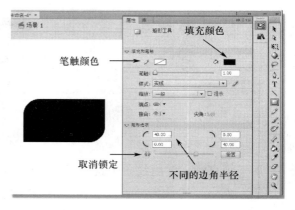

图 2.8　线条工具的属性　　　　　　图 2.9　矩形工具属性设置

2. 椭圆工具

拖曳鼠标可以画椭圆，同时按下 Shift 键可以绘制正圆。和矩形工具相似，调整笔触颜色和填充颜色，可以绘制无描绘色（无边框）的椭圆，或无填充色的椭圆边框。

除此之外，椭圆选项下的几个选项使得椭圆工具可以绘制很多特殊图形，如扇形、环形等。下面我们了解一下椭圆选项的含义。

1）椭圆的内径（即内侧椭圆）

我们可以在框中输入内径的数值，或单击滑块相应地调整内径的大小。内径是介于 0 和 99 之间的值，表示删除的填充的百分比。

如图 2.10 所示，显示了内径分别设置为 "20.00"、"50.00"、"80.00" 时所绘制出的形状。

图 2.10 椭圆选项内径的设置

2）开始角度和结束角度

利用开始角度和结束角度，我们绘制出富有创意的图形。

如图 2.11 所示，显示了当开始角度和结束角度分别设置为 "60.00" 和 "0.00"、"0.00" 和 "60.00"、"200.00" 和 "0.00" 时绘制出的形状。

图 2.11 开始角度和结束角度的设置

3．基本矩形工具和基本椭圆工具

从属性面板上看，矩形工具和基本矩形工具没有什么不同。但是用两种工具画出来的形状就不同了。用矩形工具画出的是形状，而用基本矩形工具画出的是矩形图元。

在没有基本矩形工具的早期 Flash 版本中，如果矩形画得不理想，我们只能重新绘制，有时可能要很多次才能绘制出理想的形状。

而利用基本矩形工具，绘制出的矩形图元，允许我们任何时候都可以精确地调整形状的大小、边角半径以及其他属性，而无须从头开始绘制。

如图 2.12 所示，图中上面的矩形是用基本矩形工具绘制出的矩形图元。图中下面的图是在上图的基础上，用属性面板调整其他参数，如圆角、笔触尺寸等。如果对矩形图元有任何不满意，随时可以通过属性面板进行调整，大大方便了我们的设计工作。

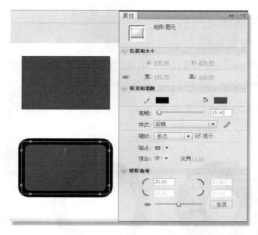

图 2.12 可以随时修改的矩形图元

同理，椭圆工具和基本椭圆工具参数基本一样，但是绘制出的图形一个是形状，一个是可以事后调整、修改的椭圆图元。加上基本椭圆工具的选项，我们可以很轻松方便地绘制出富有创意的扇形、环形等特殊图形。

4．多角星形工具

多角星形工具的笔触和填充选项与其他形状工具相似。单击属性面板的【工具设置】→【选项】按钮，可以看到该工具的与众不同之处。

当多边形的边数设置为"5"、"8"、"3"时，绘制出的形状如图 2.13 所示。

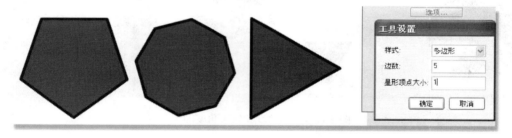

图 2.13 多边形

当选择星形时，可以设置 5 条边、6 条边以便生成 5 星、6 星等，还可以通过设置不同的星形顶点大小来绘制出胖星形和瘦星形。如图 2.14 所示，显示的是星形顶点大小分别设置为"1.00"、"0.50"和"0.10"时的形状。

图 2.14 星形

用 Flash CS6 绘图工具，如矩形工具、椭圆工具和多角星形工具绘制的形状重叠在一起时，会产生图形分割现象，利用这个特点可以生成一些特殊形状，参见本章的实例。

2.2.3 刷子工具和橡皮擦工具

刷子工具也是绘画的常用工具之一，可以选择不同的刷子尺寸和形状为图形着色。当用它为图形着色时有 5 种填涂模式，分别为标准绘画、颜料填充（又称为"填充区域涂色模式"，只为填充区域着色）、后面绘画（又称为"底层填涂模式"，对底层涂色）、颜料选择（又称为"填涂所选区域模式"，对所选区域涂色）、内部绘画（又称为"填涂封闭区域模式"，只填充封闭区域），如图 2.15 所示的左图。

注意：用刷子工具与线条工具、铅笔工具绘制的图像虽然在外观上没有明显的差异，但是当选择显示轮廓时可以看出它们之间的差别：刷子工具用的是填充颜色，而铅笔和线条用的是描绘色。

橡皮擦工具与刷子工具有很多相似之处，不同的是刷子工具用于涂抹颜色，而橡皮擦工具用于擦除颜色。可以选择不同尺寸的圆形或方形橡皮擦，擦除模式有 5 种，分别是标准擦除、擦除填色、擦除线条、擦除所选填充、内部擦除，如图 2.15 右图所示。选中水龙头工具，可以快速擦除相连的线段、一个区域或整个形状。

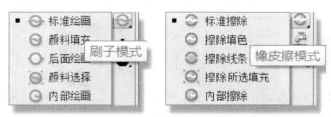

图 2.15 刷子填涂模式和橡皮擦擦除模式

2.2.4 选取工具

选取工具包括选择（黑箭头）工具、部分选取（白箭头）工具和套索工具。黑色箭头工具的作用是选取对象，选取对象往往是所有操作的首要条件，舞台上的对象只有被选取后，才能进行接下来的各种操作。

套索工具主要用于选择图形中不规则形状的区域。

白箭头工具用于对曲线进行更精确的调整。

2.2.5 变形工具

1．任意变形工具

利用任意变形工具可以改变图形的外形。沿对角线方向拖动任意变形工具的四角，可以同时调整形状的宽度和高度。

对形状进行的任何操作都是以对齐点为中心的，对齐点就是图 2.16 中形状中心的白色圆点。拖动任意变形工具的左右两边或上下两边的中心点,可以调整形状的宽度或高度,还可以旋转形状。如果在上下边框处沿水平方向,或在左右边框处沿垂直方向拖曳鼠标,则可以使形状水平方向或垂直方向倾斜,产生错切效果,可以生成很有趣的图形。

利用任意变形工具可以调整形状的效果(水平错切和旋转),如图 2.16 所示。

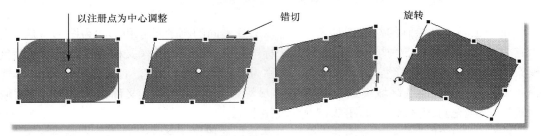

图 2.16　任意变形工具的错切和旋转功能

我们可以利用任意变形工具调整对齐点。这时当我们错切或旋转图形时,图形是以对齐点为轴心改变形状的。我们可以利用任意变形工具将对齐点移到图形的任何位置。例如,将对齐点移动到左下角,这时我们如果再改变图形的时候,轴心将在左下角,如图 2.17 所示。在图 2.17 最右边的图中,显示了将鼠标移动到图形顶角时的双向箭头的鼠标外形,这时可以沿对角线方向放大或缩小图形。

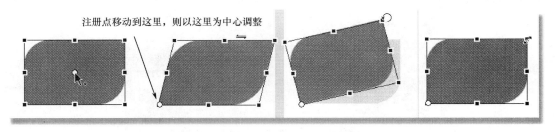

图 2.17　图形对齐点移动到左下角时的变形

2. 变形面板

与任意变形工具具有相同功能的是变形面板。利用变形面板,可以更精确地调整图形,甚至可以产生 3D 的变形效果,变形面板如图 2.18 所示。

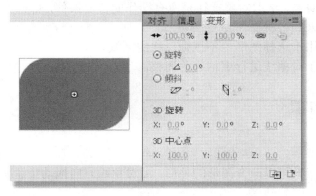

图 2.18　变形面板

第 2 章　Flash CS6 基本绘图工具

3．渐变变形工具

利用渐变变形工具，如图 2.19 所示，我们可以精确控制渐变焦点的位置，并对渐变应用其他参数。例如，调整渐变焦点（又称作着光点）；横向调整渐变填充色的宽度；旋转位图或渐变色的角度；扩大渐变色区域以便利用渐变色的中部颜色等。渐变变形工具只能应用在填充色为渐变色的图形上。

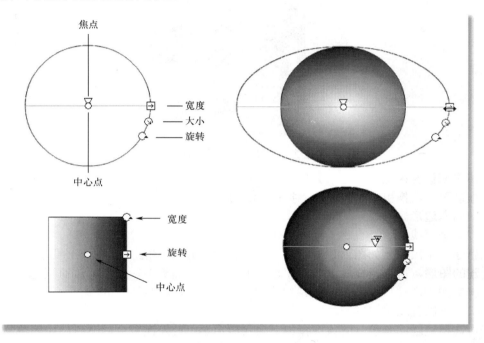

图 2.19　调整线性和径向渐变色的渐变变形工具

因为教材篇幅有限，有关工具使用以及其他功能的详细解释请参考 Flash CS6 帮助文档。Flash CS6 帮助文档提供了丰富的帮助文件，可以解答我们很多问题。我们也应该充分利用帮助文件中的教程和范例学习、模仿，尽快提高 Flash 水平。

2.3　实例

【例 2-1】　制作彩色纸风车。

知识点：使用直线工具、变形面板、多角星形工具、颜色工具，选择多个对象，粘贴到当前位置的方法。

制作步骤：

（1）绘制六边形。

新建文件，单击矩形工具的右下角，选择【多角星形工具】。再打开【属性】面板，将笔触设置为"无色"。方法：单击笔触的颜色框，然后在弹出的调色板上选择无色按钮，如图 2.20 所示，选择填充色为浅灰色。

本章将会用到颜色工具的简单使用方法。有关颜色的更多功能将在第 3 章做详细介绍。

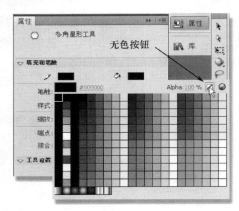

图 2.20　设置笔触颜色为无色

单击属性面板上的【选项】按钮，边数设置成"6"。然后按下 Shift 键的同时，在舞台上拖动鼠标，拖出一个六边形。按住 Shift 绘制六边形，是可以绘制出底边和顶边为水平方向的六边形。

（2）画直线。

新建一个图层，如图 2.21 所示。锁定含有六边形的图层，以免不必要的误操作。选中新建的图层，再选择直线工具，在直线工具的属性面板中，设置笔触的颜色和尺寸。

将笔触的滑动块拖到最左边，得到"0.10"，即最细的尺寸。因为画直线的目的是分割形状，所以直线越细越好。

再选择笔触的颜色，应该选择与下面六边形颜色反差比较大的颜色，如黑色。

设置好笔触后，在舞台上沿六边形的左上角和右下角顶角拖出一条直线。

（3）复制直线。

要沿对角线分割六边形，须画出 3 条直线，那么直线之间的角度就应该是：360°÷3=120°。

现在，用黑箭头工具选中舞台上的直线，然后单击变形面板，设置旋转角度值为"120"，最后单击变形面板下方的【重制选区和变形】，共单击两次。"重制选区和变形"的功能是按照设定执行并复制操作对象，这样就得到了 3 条对角线。

"重制选区和变形的功能如图 2.22 所示。

图 2.21　新建图层

图 2.22　"重制选区和变形"的功能

(4) 切割六边形。

先解锁含有六边形图形的图层。然后单击含有直线的关键帧,这样就选中了舞台上的所有直线,按 Ctrl+C 组合键,复制选中的直线,然后隐藏该图层,即单击该图层上相对应眼睛的位置。

再选中含有六边形的帧,按 Ctrl+Shift+V 组合键,或选择【编辑】→【粘贴到当前位置】选项,将 3 条直线复制到六边形上,如图 2.23 所示的左图。

此时若单击六边形,被选中的不再是整个六边形,而是被直线分割后的局部区域。单击直线,被选中的也不再是整条直线,而是分段线段了。这就是前面我们提到的 Flash 的图形分割特点。在很多场合,使用"粘贴到当前位置"(又称作原位粘贴)可以很方便地制作出特殊形状,这时可以删除含有直线的图层了。

思考:可不可以直接在六边形上绘制直线?

(5) 再次切割六边形。

用直线工具每隔一个角连接不相邻的两个端点,共绘制出 3 条直线,如图 2.23 所示的右图。

(6) 重新填色。

单击颜料桶工具,选择一种和六边形不同的颜色,如红色,然后在被切割的图形上按照图 2.23 所示填色。

(7) 制作纸风车。

单击红色三角形,按下 Shift 键不放开,继续单击相邻的红色三角形,选中全部 3 个红色三角形。按 Ctrl+C 组合键,复制三角形,然后新建一个图层,将三角形粘贴到新图层关键帧的舞台上。

用同样的方法,复制另外 3 个灰色三角形,并复制到新图层的舞台上。

用于制作风车的三角形复制到新图层的舞台上后,原来的图层就可以删除了。

如果你喜欢,可以再添加风车杆。风车也可以用自由变形工具将其转换一个角度。

制作完成的风车如图 2.24 所示。

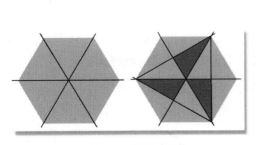

图 2.23 切割,填色

图 2.24 纸风车

【例 2-2】 制作红心。

用直线工具可以画红心吗?答案是,当然可以。让我们跟着下面的步骤一步步做下去。

知识点:使用选取工具、直线工具、变形工具。

制作步骤:

(1) 新建一个文件。在舞台上用直线工具画一条垂直的直线,将鼠标移向直线,当鼠标下方出现小弧线时,拖曳鼠标,使直线变成弧线,调整到合适位置松开鼠标。

补充一点,当鼠标移动到直线的端点时,鼠标的下方会有拐角符号出现,此时沿直线伸展的方向拖曳鼠标可以改变直线的长度,如图 2.25 所示的左图。

(2)用黑箭头选中这条线,按 Ctrl+C 组合键复制它,按 Ctrl+Shift+V 组合键或单击【编辑】→【粘贴到当前位置】菜单项,然后单击【修改】→【变形】→【水平翻转】键,这样就复制出一个和原来弧线相对的弧线,再调整左右位置,使两根弧线成一个心形。

(3)选择填充色按钮,选择调色板下面的红色渐变色,将颜料桶在心形处单击一下,一个红心就做成了,如图 2.25 所示的右图。

图 2.25 制作红心

用直线工具和黑箭头工具,你还可以绘制出什么形状?可以绘制小动物吗?

【例 2-3】 制作万圣节的礼物。

知识点:使用椭圆工具、铅笔工具、选取工具,平滑曲线。

制作步骤:

(1)将新建文件的背景色设为灰色。在舞台上,用椭圆工具画一个黑色描绘色、黄色填充色的椭圆。在椭圆上用铅笔工具画几条暗黄色的弧线。

如果弧线画得不够好,这里有三种方法可以对弧线进行调整,帮助我们画出平滑曲线。

① 用【例 2-2】中的方法,选中弧线,用拖曳鼠标的方法将弧线调整为满意的形状。

② 用黑箭头工具选中曲线,然后重复单击工具面板上的平滑按钮,使弧线平滑些或更好些,如图 2.26 所示。

③ 选择白箭头工具。当单击要调整的曲线段后,曲线上会出现一些浅绿色的点(称作锚记点),以及通过这些点的切线。横向或纵向拖动这些锚记点或锚记点上的切线,就可以调整曲线的形状和斜率,如图 2.27 所示。

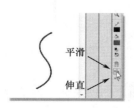

图 2.26 平滑曲线

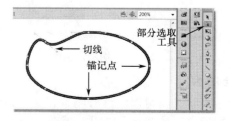

图 2.27 用部分选取工具调整曲线

(2)调整弧线与椭圆相交的各个点,使其向椭圆内凹进去,如图 2.28 所示。

(3)在当前图层的上方新建一个图层,在新建的图层第 1 帧的舞台上,用椭圆工具画两个圆形眼睛,用铅笔工具画两条弧线作为嘴。调整好眼睛和嘴与南瓜的位置,如图 2.28 所示。

(4)将眼睛和嘴形全部选中,复制、原位粘贴到下面图层的南瓜上,这时可以删除上面的图层了。用鼠标移走眼睛和嘴,会发现南瓜的图形已经被分割了。将眼睛和嘴形的弧线和弧形都删除,留下镂空的南瓜,如图 2.28 所示。

(5)在南瓜的上方写上"Happy Halloween"字样,再对南瓜进行一些修饰,一个万圣节的礼物就做成了。如图 2.29 所示,是一个制作完成的万圣节的礼物。

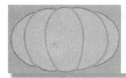  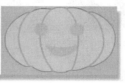 

图 2.28　万圣节南瓜的制作　　　　　　　　图 2.29　万圣节礼物

思考: 在【例 2-3】的步骤(3)中,为什么要新建一个图层绘制眼睛和嘴?能不能直接在画有南瓜的图层上画眼睛和嘴?

【例 2-4】　制作弯弯的月亮。

知识点: 使用分割形状,柔化形状的填充边缘。

制作步骤:

(1)新建文件,背景色设置为"#0033FF"。

(2)在图层 1 画一个无边框白色圆形,在圆形的上面再画一个无填充色的圆环,移动到合适的位置,将圆形分割出月牙形,如图 2.30 所示。单击月牙之外的图形,将其删除,将环形也删除,剩下月牙,如图 2.30 所示。

(3)单击月牙,单击【修改】→【形状】→【柔化填充边缘】菜单项,在"柔化填充边缘"菜单项中选择距离为"30 像素","步长数"为"10",如图 2.31 所示,单击【确定】按钮,图形就变成了柔和的月牙了。

图 2.30　制作月牙　　　　　　　　　　　图 2.31　柔化填充边缘

(4)添加一个图层,画上几枝柳枝,最后效果如图 2.32 所示。

思考: 还有什么方法可以制作月亮?可以用两个形状叠加的方法制作月亮吗?可以用橡皮擦工具或刷子工具制作月亮吗?

图 2.32 弯弯的月亮

【例 2-5】 制作相片框。

知识点：使用刷子工具，选择刷子的模式，使用颜色工具、对齐面板。

制作步骤：

（1）建新图层。

打开【相片框_原.fla】文件，文件中已经导入了一张图片。新建一个图层，它应该在含有图片的图层上方。

（2）绘制方框。

选择矩形工具，在属性面板将笔触颜色和填充颜色调整为不同的颜色。方法是：单击【笔触颜色】，当颜色样本面板弹出时，单击一个颜色即可。填充颜色的选取执行同样的操作。然后将笔触尺寸设置为"5"。

在舞台上拖出一个和图片尺寸相同的矩形。

（3）确认矩形的位置和尺寸。

单击黑箭头工具，在舞台上圈出一个大矩形，使得舞台上的矩形在其中，这样就选中了整个矩形。然后单击【对齐】面板，选中【与舞台对齐】，按照图 2.33 所示的单击水平对齐、垂直对齐、匹配宽度和匹配高度。这样操作后，就可以确保矩形与舞台是同尺寸，并且位于舞台中央，如图 2.33 所示。

（4）刷出手绘效果区域。

用鼠标单击刷子工具，因为刷子刷出的颜色是填充色，所以选一种和矩形填充色不同的填充色。然后在刷子大小处选择最大尺寸，在刷子形状处选择圆形，在工具栏下方的刷子模式选项中选择颜料填充。选择这种模式，意味着刷子刷出的颜色只覆盖填充区域，不会覆盖笔触（即边框）。

图 2.33 使矩形和舞台同尺寸并居中

设置完成后，用鼠标在正方形上刷一刷，如图 2.34 所示的左图。

（5）显示照片。

虽然刷子刷过背景（填充色）和边框（笔触色），但是只有背景被覆盖了新颜色，边框没有被改变。选中刷子刷出的形状（边框外边的形状也要选中），然后按键盘上的删除键（Delete），下面图层上的照片显露出来。制作的相片框如图 2.34 所示的右图。

图 2.34　相片框

该实例中的第（4）步，可以用橡皮擦工具代替刷子工具，直接擦出相片要显示的区域。大家可以自己练习。

实训 2

1. 熟悉基本绘图工具的使用，利用基本绘图工具绘制一个立体五角星，如图 2.35 所示。
2. 利用基本绘图工具制作马赛克图形，如图 2.36 所示。
提示：
（1）随意绘制线条。
（2）选择三种颜色填色。

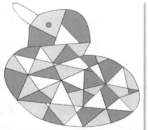

图 2.35　五角星　　　　　　　　图 2.36　马赛克图形

3. 利用直线工具、铅笔工具绘制喜爱的小动物。

第3章 Flash CS6 的颜色工具和文字工具

▶ 3.1 色彩基本知识

由于 Photoshop 可以制作更复杂丰富的图像，而 Flash CS6 可以导入 Photoshop 图像进行编辑，所以，我们可以使用 Photoshop 来创建图像，然后将完成的图像导入 Flash。我们有必要了解一下 Flash CS6 和 Photoshop 不同的颜色模式。

Flash 在内部使用 RGB（红、绿、蓝）或 HSB（色相、饱和度、亮度）色彩空间的颜色，而 Photoshop 使用 CMYK（青、洋红、黄、黑）颜色，所以在将 CMYK 图像从 Photoshop 导入到 Flash 之前，应该在 Photoshop 中将图像先转换为 RGB。

那么，为什么是 RGB、HSB 和 CMYK 颜色呢？下面是一些小常识。

1. 光源色 RGB 模式

RGB 是 Flash 使用的颜色模式的三原色。三原色就是无法通过混合其他颜色得到的颜色。还记得读小学的时候美术老师告诉我们三原色是"红、黄、蓝"吗？但是为什么 Flash CS6 中使用的是 RGB（红、绿、蓝）呢？怎么有两种三原色呢？

原来美术老师说的三原色是物体色的三原色，即我们看到的颜色是光线照射到物体表面后反射回来的光，如图 3.1 所示。而计算机屏幕上的颜色却属于光源色，即会发光的太阳、荧光灯、白炽灯等发出来的颜色，以及电视机、显示器屏幕上从内部发出的颜色，所以 Flash 用 RGB 颜色模式，如图 3.2 所示。

物体色的混色模式是减法混合。当三原色的红色、黄色、蓝色叠加相混后得到最暗的颜色黑色，如图 3.1 所示，中心为三原色叠加后产生的黑色。光源色三原色又称为加色三原色，颜色相混后明度增加（明度的介绍详见第 3.2 节）。三原色相加混合后生成明度最亮的白色，如图 3.2 所示。

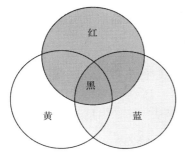
图 3.1　红黄蓝三原色

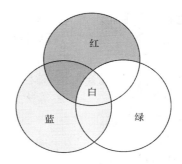
图 3.2　红绿蓝三原色

2．RGB 模式下的白色和黑色

如图 3.3 所示，是 Flash CS6 的颜色面板。当 RGB 三原色调整为最小值时，得到最暗的黑色。当 RGB 三原色调整到最大值（即三原色相加）时，得到明度最亮的白色。

3．印刷色 CMYK 模式

物体色的三原色是红、黄、蓝，确切地说是洋红（Magenta）、黄色（Yellow）、青色（Cyan）。在印刷时，使用印刷色三原色，取 Cyan、Magenta、Yellow 的首字母，即 CMY。

印刷三原色又称作减色三原色，即颜色相混后明度变暗，和光源色三原色正相反，印刷三原色相混后得到明度最暗的黑色。

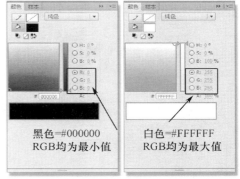
图 3.3　FlashCS6 颜色面板显示的白色和黑色

在白纸上印刷这三种颜色时，理想情况下应该产生黑色，但是由于油墨有杂质等原因，实际应用效果不太理想，产生的颜色不是黑色，而是深棕色，所以又增加了黑色油墨来实现理想的黑色。这就是 Photoshop 中的 CMYK 模式，Cyan、Magenta、Yellow（物体色的三原色）三个单词的首字母和 K（Black 黑色尾字母）的组合。

CMYK 颜色模式是用于胶印工艺的油墨的颜色。如果准备将照片印刷出来，如准备一张专业印刷的画廊邀请明信片，则使用 CMYK 颜色模式。

由于用 Flash CS6 制作的动画是在计算机上播放的，所以使用 Flash CS6 颜色面板的 RGB 模式来处理颜色。但是如果图片是从 PhotoShop 软件中导入的话，注意应该在导出前将 CMYK 模式转换为 RGB 模式。如果在今后的工作、项目中，要将设计图印刷出来，也要考虑将 RGB 模式转换为 CMYK 模式并检查、调整颜色，以便使作品符合理想的设计意图。

4．色相、饱和度和亮度（HSB）颜色模式

在 Flash CS6 颜色面板，我们看到还有 HSB 颜色选项。色相（Hue）、饱和度（Saturation）、亮度（Brightness）是另一种颜色模式。

色相即色彩的相貌和特征。通俗地讲，色相指的是色彩的名称。自然界中色彩种类很多，如红、橙、黄、绿、青、蓝、紫等，这些指的就是色相。色相由颜色的名字标识。

饱和度指的是颜色的鲜艳程度、强度或纯度，所以又称作纯度、彩度。原色是纯度最

高的色彩。颜色混合的次数越多，纯度越低，反之，纯度则高。原色中混入补色，纯度会立即降低、变灰。饱和度表示色相中灰色分量所占的比例，它使用从 0%（灰色）至 100%（完全饱和）的百分比来度量。

亮度是指颜色的相对明暗程度，所以又称作明度。颜色有深浅、明暗的变化。例如，深黄、中黄、淡黄、柠檬黄等黄颜色在明度上就不一样；紫红、深红、玫瑰红、大红、朱红、橘红等红颜色在亮度上也不尽相同。亮度通常使用从 0%（黑色）至 100%（白色）的百分比来度量。

HSB 的关系如图 3.4 所示，图中当前颜色是红色。在饱和度和亮度不变的前提下，调整色相（H），颜色将变为其他种颜色，如黄色、绿色、蓝色、紫色等。在色相和亮度不变的情况下调整饱和度，由下至上可以调整由低至高的颜色纯度。如果保持饱和度和色相不变，则可以拖动亮度滑块，由下至上调整亮度由暗到亮。

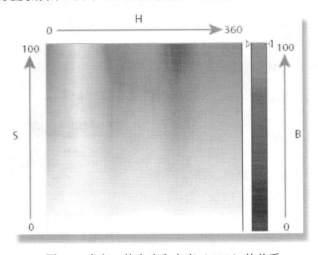

图 3.4　色相、饱和度和亮度（HSB）的关系

3.2　颜色工具

颜色工具包括颜色面板、样本面板、墨水瓶、颜料桶、笔触颜色框和填充颜色框。在进行设计和创作时，所有的颜色都是通过颜色工具从颜色板和颜色微调面板拾取而来的。下面就让我们从颜色板和颜色微调面板开始，深入学习颜色处理的方法。

3.2.1　颜色面板

当我们在工具栏或颜色面板中选择笔触颜色和填充颜色时，都可以弹出颜色面板。早期 Flash 的笔触颜色只能选择纯色，后来 Flash 改进了颜色控制，笔触颜色与填充颜色使用相同的颜色板，可以和填充颜色一样丰富多彩了，既可以选择渐变色，也可以使用位图，这大大增强了 Flash 的表现力。

系统默认显示的颜色面板是 216 网络安全色颜色面板。216 网络安全色颜色面板是为早期只支持 256 色的计算机屏幕而设计的、在任何计算机上都可以安全显示的一组安全颜色值。现在计算机通常支持 16 位颜色甚至 24 位颜色，这意味着计算机可以显示百万种颜色。因此，使用网络安全色不再被认为像以往那样重要了，设计师可以使用色轮上的任何颜色。不管怎么说，网络安全色颜色板上的颜色仍然是常用颜色。

单击工具面板上的【笔触颜色】或【填充色】按钮可以弹出颜色面板，如图 3.5 所示。

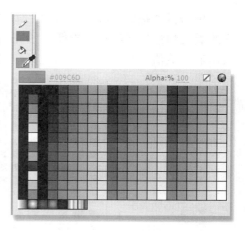

图 3.5　用滴管弹出颜色面板

3.2.2 使用十六进制颜色代码

当滴管停留在颜色面板上的某一个颜色块上时，该颜色的十六进制的颜色值就显示在左上角的颜色值框中，如图 3.6 所示。

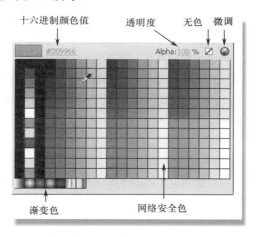

图 3.6　颜色面板组成

HTML 代码和一些脚本语言都支持用十六进制数值表示颜色的方法，在 HTML 中十六进制用于定义有颜色的文字、直线、背景、边界等。

任何一个 RGB 颜色都可以使用十六进制数值来表示。每个十六进制的颜色代码有 6 位，为 3 个颜色通道 R、G、B 各分配两位。例如，在十六进制颜色值 00FFCC 中，00 代表红色通道，其值为最小值；FF 代表绿色通道，此时绿色是最大值；CC 代表蓝色通道。

如果选择渐变色，则用滴管单击颜色板下方的渐变区中的颜色，这里显示了几种系统默认的线性渐变和放射性渐变的颜色。在 Alpha 透明度后面可以输入或拖动鼠标来调节颜色的透明度，Alpha 值为 100%时，颜色不透明；Alpha 为 0%时，颜色呈透明色。无色按钮是为设计无边框形状或只有边框无填充色形状而设置的，如图 3.6 所示。

单击微调按钮，可以进入颜色微调面板。单击颜色区域可以拾取颜色，或滑动右边框旁的黑三角滑块（滑动调整颜色的亮度），或直接在 HSL（和 HSB 同义）、RGB 后面的输入框输入数值。我们还可以自定义颜色并添加到颜色面板中，如图 3.7 所示。

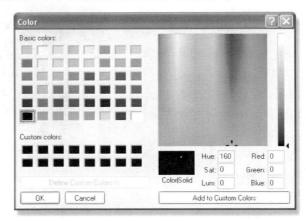

图 3.7 颜色微调面板

当我们单独选择三原色中的一种颜色时，我们会看到混色器面板上的颜色值。
红色颜色值。红：255；绿：0；蓝：0，得到十六进制值为#FF0000。
绿色颜色值。红：0；绿：255；蓝：0，得到十六进制值为#00FF00。
蓝色颜色值。红：0；绿：0；蓝：255，得到十六进制值为#0000FF。
下面是几个常用的十六进制颜色值。
白色为 FFFFFF，即红色、绿色、蓝色都是最大值 FF，所有单色均为 100%。
黑色为 000000，即红色、绿色、蓝色都是最小值 00，各个单色均为 0%。
中等程度的灰色为 666666，各个单色均为 40%。
深灰色为 333333，各个单色为 20%。
浅灰色为 CCCCCC（各个单色为 80%）和 999999（各个单色为 60%）。
从上面的数据中可以发现，按相同的比例将三原色相混，可以得到无彩色，否则按不同比例将三原色相混，将得到有彩色。

3.2.3 颜色类型

除了纯色之外，Flash CS6 提供了线性渐变色和径向渐变色，以及位图填充等颜色类型。

单击【窗口】→【颜色】，弹出颜色面板。在颜色面板的颜色类型下拉菜单，我们可以选择不同类型的颜色，如图 3.8 所示。

Flash 的位图填充是一种独特的填充模式。这种填色方式可以将库中的位图或图形元件作为一种配色方案为舞台上的形状填色。

用位图填色的步骤如下。
（1）确认库中有位图，如果没有，则导入位图到库中。

（2）单击颜色面板的类型下拉框，选择位图填充。
（3）在下面的位图列表中选中一个位图，本例中只有一个位图，所以单击该位图即可。
（4）选择矩形工具，在舞台上拉出一个矩形框，如图3.9所示。

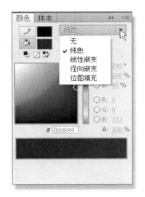

图3.8　颜色类型

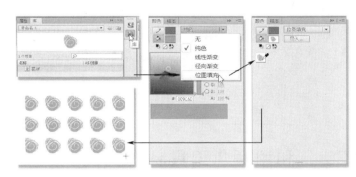

图3.9　用位图作为矩形的填充色

对于填充了的位图，可以利用渐变变形工具将其扭曲、缩放。渐变变形工具隐藏在任意变形工具的下面。单击任意变形工具的右下角，可以看到小菜单上的渐变变形工具。

要对已经用位图填充的图像进行变形调整时，先选中图形，然后选中渐变变形工具。移动控制手柄，可以对称或非对称地缩放位图填充，也可以沿水平或垂直方向扭曲位图填充，效果如图3.10所示。

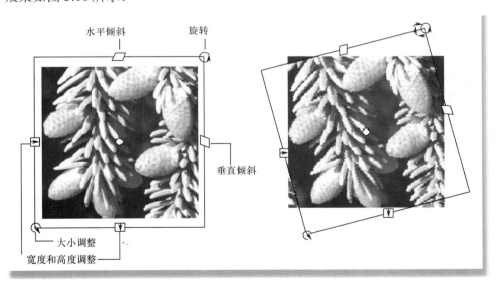

图3.10　渐变变形工具

3.2.4　墨水瓶和颜料桶工具

当要对设计对象的颜色进行重新调整时，可以使用墨水瓶和颜料桶。墨水瓶工具隐藏在颜料桶工具的下面。墨水瓶可以调整笔触颜色，可以为图形的边框重新着色，也可以用于为线条、铅笔、钢笔着色或更改颜色。颜料桶可以调整填充颜色，为笔刷、矩形和椭圆的填充区域以及任何封闭区域着色。

图 3.11 空隙大小菜单

在使用颜料桶时，有时会遇到这样的问题：无论我们怎样为一个形状的填充区域填色，总是无法填充进去。这时我们可以单击颜料桶的选项区的空隙大小按钮，在弹出的菜单中，试着选择封闭中等空隙或封闭大空隙，然后再单击需要着色的区域。一般情况下，这样选定后填充颜色都会成功的。原来舞台上看似封闭的区域，仍存在一些空隙。空隙大小菜单如图 3.11 所示。

3.3 利用颜色工具制作实例

下面我们结合前面各章和本章内容，练习这些工具的综合使用方法和技巧，运用这些技巧制作稍复杂的作品。

【例 3-1】 制作基本几何形状——圆柱体。

基本几何体（如柱体、锥体、球体等）是日常生活中常见的形状。很多其他复制的形体都可以由基本几何体构成。利用渐变色的填充色，可以使图形立体化。

知识点：使用椭圆工具、直线工具、颜色板、渐变色编辑器。

制作步骤：

（1）制作椭圆上下截面。

新建一个文件，选择椭圆工具，在舞台上绘制出一个椭圆。然后复制、粘贴到当前位置，再用箭头将刚刚粘贴的椭圆向上移动一段距离。

（2）画侧面。

选择直线工具，按下 Shift 键，沿一个椭圆的左端点向下拖动，直到到达另一个椭圆的左端点。同样操作，画出右边椭圆的边。

（3）删不必要的线条。

下面椭圆的上半部曲线应该被柱面挡住，藏在后面，所以将其删除。

（4）为侧面填色。

首先打开【颜色】面板，单击填充颜色，再在其右边的选项下拉列表中选【线性渐变】色。这时，具有两个颜料桶的渐变颜色编辑器出现在颜色面板的下方。双击某个颜料桶可以用滴管改变渐变色的颜色，如图 3.12 所示。

该例中，将左边的颜料桶设置为红色，右边的颜料桶设置为黑色。设置好后，单击工具栏上的颜料桶工具，在圆柱形侧面内单击一下，渐变色就填充到圆柱形了。

（5）上椭圆面的颜色可以填充纯色。

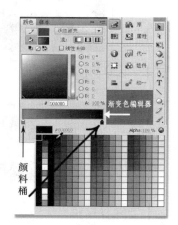

图 3.12 渐变色编辑器

如图 3.13 所示，显示了椭圆制作的分步结果。

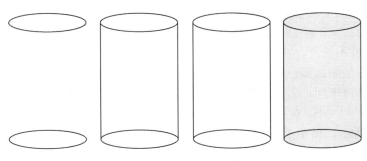

图 3.13　绘制圆柱体

【例 3-2】　制作基本几何形状——锥体。

知识点：使用多角星形工具、直线工具、任意变形工具。

制作步骤：

（1）选择多角星形工具。在属性面板中的工具设置选项中，样式为"多边形"，选择边数为"4"。填充颜色为"无色"，笔触颜色可以是任意一种颜色。在舞台上绘制出一个稍微旋转一个角度的正方形。

（2）用直线工具沿对角画出两条对角线，以便确定四边形的中心点。

（3）选中整个图形，然后选择任意变形工具，将整个图形压扁，如图 3.14 所示的第 2 个图形。

（4）用直线工具，按下 Shift 键的同时，从中心点开始向上拖出一条垂直线。

提示：Shift+直线工具，可画出垂直线、水平线或±45°的直线。

（5）确定锥体的顶点，然后从顶点出发向四边形的各个顶点连线。这里只连接了前面可见的三条边。

（6）最后，删除不应该显示出来的线条，为侧边填充颜色。为了显示明暗面的不同，对两个侧面填充不同亮度的填充色，如图 3.14 所示的最后一幅图。

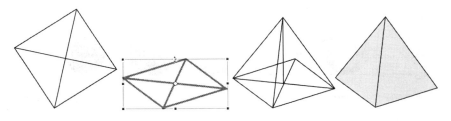

图 3.14　绘制锥体

【例 3-3】　制作彩色的球。

知识点：使用和设置放射性渐变色，使用辅助线，建立注释层。

利用径向渐变色可以制作球体效果，填充颜色的位置决定着光点。如图 3.15 所示，显示了在不同位置填充径向渐变色而产生的光线照射效果。

图 3.15　不同光线照到球上的效果

制作步骤：

（1）画红色球、蓝色球、灰色球。

选择工具面板上的椭圆工具，将描绘色选为无色，填充色选择红色径向渐变，即红色球，按下 Shift 键不松开，在舞台上画出一个正球形。

用同样的方法画出蓝色的球和灰色的球。将红色球和蓝色球放置在舞台的左右两边，灰色的球放在舞台中间，选中工具面板上的颜料桶工具，在红球的右上角单击一下，在蓝色球的左上角单击一下，在灰色球的上方的中心位置单击一下，显示光线是从上面射下来的。如图 3.16 所示，显示了不同光源照射到红球和灰球上的效果。

（2）画黄色球。

在颜色板上没有黄色渐变色，可以通过修改渐变色来绘制黄色球。首先选择一种放射性渐变色，如灰色球。画出球形后，在混色器面板的渐变编辑栏上，双击左边的颜料桶，在弹出的颜色板中选择黄色，原来的白色—黑色渐变就变成了黄色—黑色渐变。选择工具面板上的颜料桶工具，在黄球的上部偏左的位置单击一下，使得看起来光线来自左上部。

（3）画紫色球。

用制作步骤（2）的方法，先使用放射性渐变色画出任意一种球形。此次在调整渐变色时，我们调整右边的渐变色。双击混色器面板上的渐变编辑栏上的右边的颜料桶，在弹出的颜色板中选择紫色，渐变色变成白色—紫色渐变。

（4）利用辅助线调整对象。

为了使球在同一水平线上，我们借助于辅助线进行调整。单击【查看】→【标尺】菜单项，在窗口中显示标尺，用鼠标从上边的水平标尺处向下拖曳，拖出一条绿色的辅助线，到了合适的位置后松开鼠标拖曳。这条辅助线只显示在源文件中，不会显示在最终的播放文件（swf 文件）。

将各个球上下调整，使得各个球的底部与辅助线对齐，如图 3.16 所示。

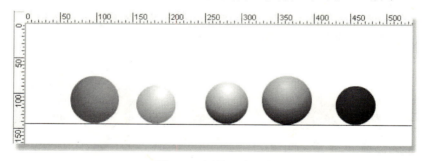

图 3.16 用辅助线对齐

（5）画阴影。

添加一个图层并拖动到图层 1 的下面，将图层 1 锁定。

打开颜色面板，将白色—黑色渐变编辑栏上的两个颜料桶对调位置，即将白色颜料桶拖到右边，黑色颜料桶拖到左边，如图 3.17 所示。颜色对调前，径向渐变色的亮点在中心，周围颜色暗；对调后中心颜色暗，而周围颜色亮，这正是我们绘制阴影所需要的效果。然后用椭圆工具画出一个球体。再用任意变形工具将球压扁，即宽度不变，高度是原来的 50%，中心与辅助线对齐。

第 3 章　Flash CS6 的颜色工具和文字工具

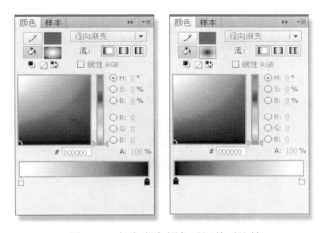

图 3.17　径向渐变颜色对调前后比较

在调整阴影位置时，可以将放置球的图层隐蔽起来，这样操作会方便得多。

（6）调整阴影。

将绘制好的阴影的中心点与辅助线对齐，复制出多个阴影，分别拖动到各个球的位置下方。这里要注意，不是所有球的阴影都在球的正下方，而且阴影的大小也不相同。例如，外边的球的阴影应该在更外边，而且比位于中心时更大，大球有更大的阴影等。

为使作品更加逼真，我们可以用下面的方法调整阴影的位置。

新建一个图层，在该图层的舞台上绘制假想的光线。想象一下光线的来源，光线可能来自舞台外的某个地方。向上拖动工作区右侧的滑块，以便得到舞台上方更大的工作区。然后在假想的光源的源点开始拉一条到中心球的直线，再依次拉出到各个球的直线，这些直线就是假想的光线。这些直线与辅助线相交的点就是阴影的中心点，如图 3.18 所示。

假想光线不应显示在文件中，所以含有假想光线的图层应该隐藏起来。我们可以使用注释图层来实现这个目的。

右击该图层，在弹出的菜单中选择"引导层"，这时该图层上出现了一个小锤子的图标。实际上这个图层并不是真正的引导层，而是注释图层。我们可以将一些注释内容放在这个图层的舞台上，这些内容不会显示在最终的播放文件中。

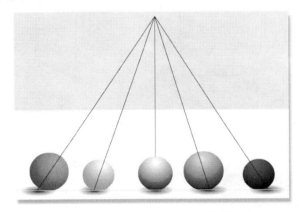

图 3.18　假想的光线与带阴影的彩色球

图 3.19　引导层

举一反三：用同样的方法可以绘制气球。气球因为形状是椭圆的，所以应注意填色的方法。技巧是先绘制出正圆彩球，再利用变形工具将其调整为椭圆，而不是先绘制椭圆再填充径向渐变色。

【例 3-4】 制作彩色盒子。

知识点：使用变形工具，调整线性填充色的填充方向，设置元件的注册点，将对象组合成组。

制作步骤：

（1）选好一张图片，尺寸不必太大，本例中的照片尺寸分别为 250mm×190mm。将图片导入到新建的 Flash 文件的库中。

（2）按 F8 键，将图片转换为图形元件。

（3）打开库，看到图形元件已经在库中。将元件再次拖到舞台上，或将舞台上的元件复制、粘贴，最终使舞台上有三个元件，分别作为彩色盒子的正面、侧面和顶部。

（4）正面图形是原图，而侧面和顶部的图形则要变形。

用任意变形工具选中侧面图形。先将注册点移到左边中心位置，这样调整时就以左边线为轴变形。

然后向左拖动右边中心点，将图形缩窄，大概是原宽度的 1/3。

最后将图形向上错切，使其形成大概 45°的角度。

（5）用类似的方法将顶部图形变形。先将注册点移到下边线的中心点处，使图片移动时以底部边线为轴。

然后向右错切，和侧面图形角度相同，使右边线和侧面的上边线重合。

最后向下压缩图形，压缩的幅度应参照侧面，即顶部图形的高度与侧面图形的宽度相符。整个过程如图 3.20 所示。

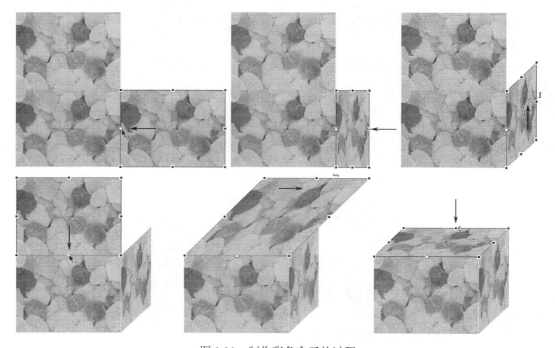

图 3.20　制作彩色盒子的过程

举一反三：在使用位图制作盒子时，如果导入 3 张不同的图片，则可以制作一个正面、上面、侧面图案都不同的彩色盒子。

【例 3-5】 制作生日贺卡。

知识点：使用套索及魔术棒工具，进行魔术棒设置、抠图、分离文字、用位图填充。

制作步骤：

（1）准备图片。

准备两张图片，一张是生日蛋糕，另一张是焰火。将两张图片导入到新建的 Flash 文件的库中。

（2）设置背景色。

选择【修改】→【文档】菜单项，在文档属性对话框中将背景颜色改为"暗灰色"，颜色值为"#333333"。打开库，将蛋糕的图片拖到舞台上，放到合适的位置。

（3）去掉蛋糕背景的黄色。

选中蛋糕图形，选择【修改】→【分离】，或按 Ctrl+B 组合键，将位图变成形状。然后，选中工具面板上的套索工具，这时工具面板上出现了三个新按钮，魔术棒、魔术棒设置、多边形模式，如图 3.21 所示。

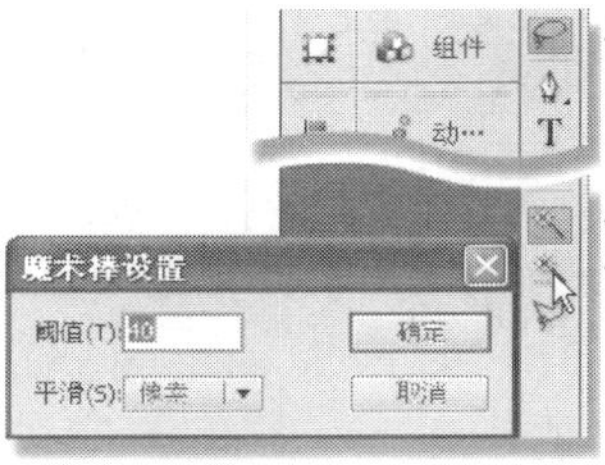

Flash 的魔术棒和 Photoshop 的很相似，如果你使用过 Photoshop 魔术棒，就不会陌生。Flash 魔术棒常用于分离了的位图，用来选择形状中与设置的颜色相近的区域。选择范围的大小取决于魔术棒设置的参数。

① 阈值：介于 1～200 之间的一个数值，用于定义将相邻像素包含在所选区域内必须达到的颜色接近程度。数值越高，包含的颜色范围越广。如果输入 0，则只选择与你单击的第一个像素的颜色完全相同的像素。

② 平滑：用于定义所选区域边缘的平滑程度。

在此例中，我们设置魔术棒的阈值为"40"。平滑选项选择"像素"。

设置完成后，单击魔术棒工具，将鼠标在蛋糕图片的黄色背景色处单击一下，按 Delete 键，则黄色背景基本上被删除了。对于其余星星点点没有被删除的内容，可以用橡皮擦工具将其删除。修改前后的位图如图 3.22 所示。

图 3.21 套索工具和魔术棒

图 3.22 生日蛋糕图片背景删除前后

（4）处理文字。

锁定图片所在图层，新建一个图层。选择工具面板上的文字工具，选择一种字体，尺寸为最大号 96，在舞台上方输入"生日快乐"字样。选中文字，选择【修改】→【分离】菜单项，将文字分离成单个字。在舞台空白处单击鼠标取消选中状态，然后选中一个字，单击工具面板上的任意变形工具，将字旋转一个角度，用同样方法将其余三个字都旋转一个角度。按光标控制键将每个字移动到相应位置，使四个字环绕蛋糕，效果如图 3.23 所示。

（5）为文字填充位图。

选中"生"字，将其再次分离，选中分离后的"生"字，在颜色面板中，将填充色选为"位图填充"，然后在列出的位图中选择焰火图片，焰火图片就取代了字的纯色背景色了。用同样的方法为其他字设置位图填充。制作好的生日贺卡如图 3.24 所示。

图 3.23　添加文字　　　　　　　　　　　　图 3.24　生日贺卡

3.4　文字工具

3.4.1　文本和文本类型

Flash CS6 的传统文本包含三种文本类型：静态文本、动态文本和输入文本，如图 3.25 所示。静态文本用于显示动画运行时无须改动的文字。动态文本用于显示需要动态显示的文本，如天气预报、体育新闻、股市行情等。输入文本用于在运行时由用户输入的文本，如输入用户名和密码、回答问题等。

图 3.25　文本

对于静态文本，文本显示格式可以是水平的，也可以是垂直的。

对静态文本可以进行缩放、旋转、移动和扭曲变形。和 Flash 中其他图形元素一样，静态文本也可以制作动画。利用静态文本还可以直接设置超链接而不必写任何代码。

利用 Flash 的封套功能，可以制作出形状各异的文字特效，不过只有形状才可应用封套功能，所以必须将文字分离为形状后才能应用封套功能。当然其他形状也可以使用封套功能，从而制作出很多特殊效果。利用封套功能调整文字的效果如图 3.26 所示。

图 3.26　封套功能

【例 3-6】　制作名言图片。

知识点：为静态文本设置超链接。

制作步骤：

（1）新建一个文件，选择文字工具，设置好字形、字号、颜色后，在舞台上输入如下文字："学习要加，骄傲要减，机会要乘，懒惰要除。"

将文字按照自己的喜好排好版。然后在最下面落款姓名和单位。你可以换成你自己的名字和单位，或学校名称。

（2）新建一个图层，导入花边图片到舞台上，然后将花边定位在舞台的左下角和右上角。

（3）选中名字的全部文字，再打开【属性】面板，在链接选项输入框中输入如下 E-mail 信息：

mailto:wang.yi.gong@hotmail.com。

目标项不必填，留空白即可。然后选中单位（或学校名称）的全部文字，打开【属性】面板，在链接输入框中输入网站：http://www.phei.com.cn/。

在目标的下拉菜单中选中"_blank"，即当单击这个链接时，在一个空白网页显示这个网页。

注意：设置网页的链接时选目标，而设置电子邮件则不选目标选项，留这个选项为空，如图 3.27 所示。

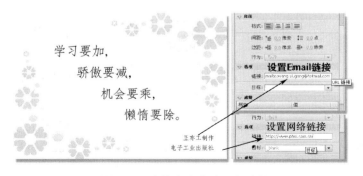

图 3.27　为静态文本设置超链接

【例 3-7】　制作成功之路标志牌。

知识点：使用任意变形工具的扭曲功能。

制作步骤：

（1）新建一个文件。

舞台尺寸设置为"600×400"。

（2）绘制标志牌板。

选中矩形工具，设置如下：

笔触：尺寸2；

颜色：白色；

填充色：#007B5F；

矩形圆角：10；

矩形尺寸：310×160；

然后将矩形与舞台居中对齐。

绘制出圆角矩形后，选中边框，在属性面板将其调整为"300×150"，然后与舞台居中对齐。

（3）输入文字。

新建图层，设置文字属性如下：

字体系列：黑体；

颜色：白色；

大小：56；

然后输入文字：成功之路。

将文字与舞台居中对齐。最后将文字分离两次，使其成为形状。

（4）复制文字到标志牌板。

选中文字，按 **Ctrl+X** 组合键剪切，然后选中矩形所在图层，再选"粘贴到当前位置"或按 **Ctrl+Shift+V** 组合键，这样标志牌板与文字就合二为一了。

（5）选中所有形状，选任意变形工具，扭曲工具。

调整各个角，使矩形变形，如图3.29所示。

图 3.28 任意变形工具的扭曲功能

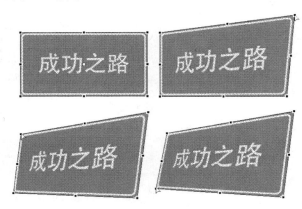

图 3.29 扭曲标志牌板和文字图

(6) 制作杆子。

新建图层,将其拖到最下面。设置矩形工具:

填充颜色:线性渐变(白/黑渐变或白/灰渐变);

笔触颜色:无。

在舞台上拖出一个长矩形。尺寸为宽"30",高"160"。然后用任意变形工具转换一个角度,最后将其转换为元件。

(7) 云背景。

新建一图层,将其拖到最下面。将库中云图片拖到舞台,与舞台居中对齐,效果如图 3.30 所示。

图 3.30 成功之路标志牌

3.4.2 TLF 文本

除了传统文本之外,Flash CS6 提供一种新的文本引擎:TLF 文本。TLF 是 Text Layout Framework 的缩写。TLF 文本具有更多字符样式、多段落格式,可以将文本按照顺序排列在多个文本容器中,通俗地说,就是用 TLF 文本可以进行图文混排。

我们还可以为 TLF 文本应用 3D 旋转、色彩效果以及混合模式等属性,而无须将 TLF 文本放置在影片剪辑元件中。如图 3.29 所示,显示了一段应用 TLF 文本的例子。

下面结合实例,介绍怎样应用 TLF 文字进行图文混排。

【例 3-8】 对图文进行混排。

知识点:使用 TLF 文字引擎。

制作步骤:

(1) 新建一个文件。

将小女孩图片导入到文件,然后从库中拖到舞台上,调整到舞台中的合适位置。

(2) 输入文本。

选择文字工具,在属性面板中选择文本引擎为 TLF 文本。

在文本类型处选择"只读"。如果允许观看者复制该文本,也可以设置成"可选",这样观看者可以像复制普通网页上的文字一样，选中文字并复制。

　　设置好字形、字号、颜色后，在图片的左边拉出一个文字框，称为文本容器，然后输入文档"世界有关儿童的趣闻轶事.doc"中的文字。由于文本很长，所以文本容器无法显示出全部文本，故容器的右下角有一个红色田字形标志。

　　（3）连接文本容器。

　　单击红色田字形标志，再在相邻区域拉出另一个文本容器，则这两个容器连接在一起，文本在这两个容器中流动，即第一个文本容器通过容器的出入端口流向了第二个文本容器。当建立了足够的容器来容纳全部文本时，最后一个容器的出端口变成了空的方块，表示文本已经结束，如图 3.31 所示。

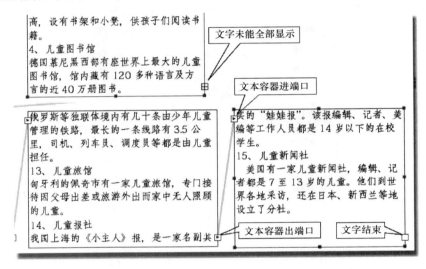

图 3.31　TLF 文本在文本容器中流动

3.4.3　动态文本和输入文本

　　动态文本用于显示要动态显示的文本，如天气预报、体育新闻、股市行情等。输入文本区域在运行时由用户输入文本，如输入用户名和密码、回答问题等。

　　动态文本和输入文本只可以是水平的，宽度可以是固定的或可扩展的，但是没有垂直文本格式。动态文本和输入文本可以设置成单行或多行，输入文本还可以设置成密码格式。

　　输入文本的设置如图 3.30 所示的右图。可以选择输入文本为单行或多行。如果为密码设置输入文本，则应选择"密码"项。选择为密码文字后，当用户输入文字时，文字不会显示在输入框中，显示的是一系列星号（*）。

　　动态文本设置如图 3.32 所示的左图，可以为动态文本设置为单行、多行或多行不换行。通常在应用动态文本时，我们需要在实例名称或变量输入框中为动态文本设置变量名或实例名，以便用 ActionScript 对文本的显示、变更进行控制。

　　动态文本和输入文本需要编程实现。

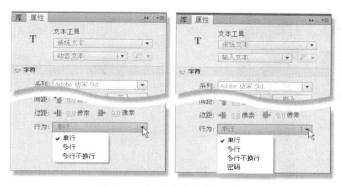

图 3.32　动态文本和输入文本

3.4.4　消除锯齿和嵌入字体

过去经常有这样的现象发生：当做好的 Flash 动画发布到网上后，在有的计算机中无法正常显示字体。这是因为播放动画的计算机缺少动画所需要的字体。

对于包含文本的任何文本对象使用的所有字符，Flash Professional CS6 均会自动嵌入。一般情况下，建议设置文字的消除锯齿属性为"使用设备字体"，这样就没有必要再嵌入字体了，因为嵌入字体会增大文件尺寸。

但是如果为了设计的需要，为了显示我们希望的字体，特别是在使用特别字体时，有时要设置其他消除锯齿选项（如"动画消除锯齿"）而没有选择"使用设备字体"，这时就有必要嵌入字体，否则文本可能会消失或者不能正确显示。

嵌入字体的方法：打开文字【属性】面板，单击【嵌入】按钮，在弹出字体嵌入对话框后选择要嵌入的字体范围、特殊字符等，如图 3.33 所示。

还有另外一个解决这个问题的方法：分离文本，使文本不再是文字，而是图形，这样就可以在任何计算机上显示了。

图 3.33　嵌入字体

分离文字的方法：选中"文字"，按两次 Ctrl+B 组合键，文字就变成形状了。

实训 3

1．利用基本绘图工具绘制一个鼓，如图 3.34 所示。
2．利用基本绘图工具绘制一盘棋。单个棋子如图 3.35 所示。
3．制作一束飘动的气球，如图 3.36 所示。
提示：先画正圆，填充径向渐变色，然后调整圆形成椭圆。

图 3.34　鼓　　　　　　　　　　　图 3.35　棋子

4. 用三个不同的图片制作一个多彩盒子，如图 3.37 所示。

图 3.36　一束气球　　　　　　　　图 3.37　彩色图片盒子

第4章 Flash CS6 图像处理与装饰性绘图工具

制作 Flash 文件，除了使用 Flash 工具制作矢量图之外，很多场合会使用图像进行创作。为了充分发挥 Flash 在网上播放流畅的优点，图像的管理、处理，如何使图像在质量和尺寸之间找到平衡点，这些是很值得我们花时间去考虑、学习的。

本章除了学习图像处理的知识之外，我们还将学习从 Flash CS5 开始新增的装饰性绘画工具，一套为 Flash 增添表现力的工具。学习装饰性绘画工具 Deco 工具之前，让我们先了解一下 Flash CS6 中的资源及其管理。

4.1 库、公用库及图片管理

Flash CS6 中的资源（即组成 Flash 动画文件的元素）包括图像、声音、视频以及元件等。本章只介绍图像资源的处理和管理，有关声音、视频等其他资源将在后面相关章节中陆续介绍。

在 Flash CS6 中，单击【导入】→【导入到库】，然后单击【所有格式】看到，可以导入到 Flash CS6 的各种文件格式，包括图像、声音、视频等文件共有几十种，如图 4.1 所示。

1. Flash CS6 的库——存放资源的场所

在 Flash 中，所有从外部导入的图像、声音，在 Flash 中创建的图形元件、按钮元件以及影片剪辑元件，还有各种组件等都存放在 Flash 的库中。在舞台上创建的形状，如果没有被转换为元件，则不会出现在库中，也不会被重复使用。

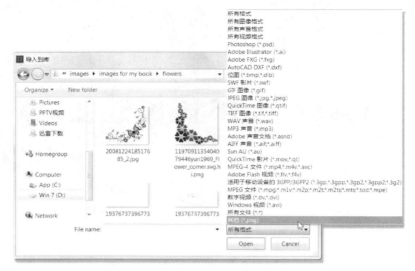

图 4.1 可以导入到 Flash CS6 的各种文件格式

单击【窗口】→【库】菜单项，打开库面板，可以查看库中所有元素。我们可以将库中的元素多次拖到舞台上来重复使用它们。

库是存放素材的地方，又是资源共享的场所。

在制作 Flash 文件的过程中，多个文件常常要共享一些素材。例如，在一个文件中使用另一文件中的素材。在 Flash CS6 中，已经打开的各个文件的库面板组合在一起，如图 4.2 所示。当前新建的文件"未命名.fla"可以在库面板中切换到"花素材.fla"或"树素材.fla"的库，然后将需要的元素复制、粘贴，或直接拖动到当前的舞台即可，很方便地共享。

2．公用库

通过【窗口】→【公用库】菜单项，可以打开系统提供的公用库。

在 Flash CS6 中，公用库中包括已经设计制作好的按钮、可以使用的常用声音以及学习交互的实例。我们可以直接将公用库中的元素拖到舞台上来使用它们或学习制作的方法。声音和按钮公用库如图 4.3 所示。共享库中有 186 种声音、277 种按钮，供使用者使用。

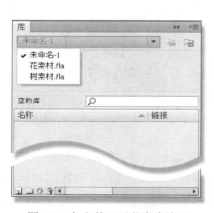

图 4.2 各文件可以共享库资源

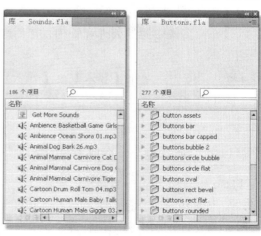

图 4.3 声音和按钮公用库

3．建立自己的公用库、素材库

【例 4-1】 建立自己的素材库。

知识点：建立自己的素材库。

制作步骤：

（1）收集有用的花素材图像文件，格式最好是 JPG、PNG、GIF 格式。

（2）新建一个 Flash 文件，单击【文件】→【导入】→【导入到库】菜单项，将这些声音文件导入到文件库中，将该 Flash 文件命名为"花素材.fla"，然后关闭文件。

注意：Flash CS6 安装时已经带有公用库文件，为自己的库命名时，应避免与系统所带的文件同名。

（3）在 Windows 7 系统中，将"花素材.fla"复制到以下链接：

X:\Program Files (x86)\Adobe\Adobe Flash CS6\Common\Configuration\Libraries。

X 指的是你的操作系统安装的盘符。

（4）不必重新启动 Flash CS6，在当前文档马上打开公用库，就会看到新增加的公用库文件了，如图 4.4 所示。

图 4.4　建立自己的素材库

用此方法可以建立其他素材库，如背景音乐库、动画音乐素材库、背景图片库等。有了这样的素材库，我们制作 Flash 动画就方便多了。

4.2　处理图像

1．导入位图

位图是使用像素阵列来表示的图像，每个像素的色彩信息由 RGB 组合或者灰度值表示。根据颜色信息所需的数据位分为 1 位、4 位、8 位、16 位、24 位及 32 位等，位数越高颜色越丰富，相应的数据量越大。其中使用 1 位表示一个像素颜色的位图，因为一个数据位只能表示两种颜色，所以又称为二值位图。通常使用 24 位 RGB 组合数据位表示的位图称作真彩色位图。

在 Flash 中，位图的概念包含的范围比较广，位图不仅仅指 BMP 文件。位图指的是：除了用 Flash 制作出的矢量图之外的图像统统称作位图。

导入位图的方法如下。

（1）单击【导入】→【导入到舞台】或【导入到库】，在弹出的对话框中选择需要导入的图像，然后单击【打开】。

（2）如果有多个具有连续的数字序号文件名的图像在相同的目录下，则 Flash CS6 会提示你是否将其余图像导入，如果你只想导入单张图像，选择"否"；或你想导入整个系列图像，则选择"是"。

如果这些图片是一组 GIF 动画图片，而你又想利用这些图片制作动画，则应该选择"是"。

如果将一个 GIF 动画系列文件导入到 Flash CS6，则最好采用导入到舞台上的方法，或新建一个影片剪辑，然后导入到影片剪辑的舞台上。

2．设置位图属性

在 Flash 中使用位图，要特别注意位图的压缩。因为位图（如 JPG 文件）是已经压缩了的图像，图像质量已经有所损失。如果再进行压缩，图像质量会更差。但是，如果图像尺寸很大时，为了在网上运行顺畅，可能不得不再对图像做少量的压缩。

在 Flash 中对位图进行属性设置的方法如下。

1）图片压缩比例

双击库中的位图图标（不要双击文件名，双击文件名会修改文件名），或右键单击图片，选【属性】，会调出位图属性面板，如图 4.5 所示。

图 4.5　在库中设置位图属性

首先选择"压缩"后面的下拉列表中的选项：照片（JPEG）或无损（PNG/GIF），根据导入的图像进行选择。

Flash CS6 默认的选项是选中"使用发布设置"，而默认的发布设置为压缩 80%。在这里选择自定义，并输入"100"，即不再压缩，100%原图品质。也可以根据动画文件尺寸，决定再次的 JPG 文件，如选择 70%。

2）位图平滑

虽然矢量图有文件尺寸小、放缩不变形等优点，但是它也有一些不如位图的地方。由于矢量图是计算出来的图形，所以一些包含很多复杂矢量图的作品，计算机处理起来非常困难，播放也很慢。当矢量图作品很复杂时，图像显示也表现得不够精细。

位图作为一系列像素值存储在计算机中，每个像素占据一个存储单元。因为每个像素是单独定义的，所以位图这种格式对显示复杂的相片效果非常棒。因为播放位图时计算机无须像矢量图那样计算，所以相对来说，运行起来不会太费时。但是遗憾的是，当我们放大或缩小位图时，图像会失真。

为了解决这个问题，Flash 新版本增加了一个功能——位图平滑（Bitmap Smoothing），用于当放大或缩小图像时改善位图质量，消除锯齿。位图旋转时会产生锯齿，选择允许平滑后，可有效地消除锯齿。

将位图设置为允许平滑后，显示位图时更平滑、柔和，质量会更好，当放大或缩小图像时质量有明显改变（当然不会像矢量图那样完全不失真），效果如图 4.6 所示。

图 4.6　放大 3 倍后的位图的比较

（左：未选"允许平滑"；右：选择了"允许平滑"）

这里建议选中"允许平滑"选项，这样会使位图在显示时更平滑、柔和。

注意：发布设置中对位图的设置是优先于位图属性面板中的设置的。就是说，一旦在发布设置中设置了位图品质，位图的质量就取决于发布设置中的参数了。有兴趣的读者可以自己试一试。

对于图像品质的建议如下。

（1）图像尺寸不应过大。除了作为背景之外，图像尺寸尽可能选择小尺寸。如果图像作为背景图，则可以降低图像品质，可以低于原始图像的 80%，或更低。

（2）可以利用 Photoshop 编辑图像，然后选择"存储为 Web 所用格式"保存项保存图像，在质量和尺寸中做最好的平衡，如图 4.7 所示。

3．位图缓存

在 Flash CS6 的新功能中还有一项改善位图处理的功能，那就是"运行时位图缓存"。

在以前版本的 Flash 中，含有复杂图形的元件在影片中移动的时候，往往会出现运动不流畅的现象，Flash CS6 中的位图缓存功能就能够解决这样的问题。当某个复杂的静态影片剪辑（如包含有背景图像）或按钮元件移动时，可以指定其在运行时缓存为位图，从而改善、优化播放性能。如果不使用位图缓存，由于要不断地从矢量数据中重绘背景，动画的播放速度可能会非常慢，其效果就是我们常说的"卡了"。

运行时，位图缓存允许我们指定某个静态影片剪辑或按钮元件缓存为位图，减少了计算，从而优化了播放性能。默认情况下，Flash Player 将在每一帧中重绘舞台上的每个矢量项目。将影片剪辑或按钮元件缓存为位图，可防止 Flash Player 重绘项目及大量计算，从而极大改进播放性能。

设置位图缓存的方法如下。

（1）在舞台上选择包含有图像的影片剪辑或按钮元件。

（2）在元件"属性"面板上，在"呈现"的下拉列表中选择"缓存为位图"，如图 4.8 所示。

图 4.7 PS 的 "存储为 Web 所用格式" 选项　　　图 4.8 应用位图缓存

提醒：并不是在所有场合应用位图缓存都可以用并会有明显效果。首先，只能对包含有图像的影片剪辑和按钮元件才能应用"缓存为位图"复选框。其次，在具有复杂背景图像的影片或在含有滚动文本字段的影片中设置位图缓存，会收到很好的效果。而在简单影片剪辑中应用位图缓存，则看不出运行时位图缓存的性能优势。

4．将位图转换为矢量图

我们知道矢量图的一个优点是随意放大、缩小都不会失真。如果我们将位图转换为矢量图，不是可以像处理矢量图那样处理位图了吗？是的，Flash CS6 提供了将位图转换为矢量图的功能。"转换位图为矢量图"命令会将位图转换为具有可编辑的离散颜色区域的矢量图形。此命令使我们可以将图像当作矢量图形进行处理，而且它在减小文件大小方面也很有用。

将位图转换为矢量图的方法如下。

（1）选中当前场景中的位图。

（2）单击【修改】→【位图】→【转换位图为矢量图】菜单项，如图 4.9 所示，参数设置如图 4.10 所示。

图 4.9 转换位图为矢量图　　　　　图 4.10 参数设置

在"转换位图为矢量图"菜单项中：

① 颜色阈值：用于指定颜色的差异范围，其值介于 1～500 之间。如果位图上的颜色之差低于这个值，则这两个像素被认为是相同的颜色；如果增大该值，则被认为相同的颜

色范围扩大了，即意味着颜色总数量降低了。

② 最小区域：用于设置在指定像素颜色时要考虑的周围像素的数量。最小区域是一个介于 1~1000 之间的值。

③ 曲线拟合：用于确定绘制的轮廓的平滑程度，有像素、非常紧密、紧密、一般、平滑、非常平滑选项。

④ 角阈值：用于确定保留锐边还是进行平滑处理，有较多转角、一般、较少转角选项。

若要创建最接近原始位图的矢量图形，各参数如下：

颜色阈值：10；

最小区域：1 像素；

曲线拟合：像素；

角阈值：较多转角。

提醒：对于一些复杂的、颜色很丰富的位图，转换为矢量图后文件尺寸可能反而会大于原来的位图。另外，位图转换为矢量图后，矢量图会与原来的位图有些差异。

选择不同的参数，会得到效果不同的矢量图。利用这个特性，可以制作出一些特殊的效果，如水彩画效果等。

【例 4-2】 制作水彩画效果。

知识点：导入位图，对齐面板，文档尺寸与内容匹配，转换位图为矢量图。

制作步骤：

（1）将图片"tree.jpg"导入到舞台，或直接打开【制作水彩画效果_原.fla】文件。

（2）选中位图，选择【修改】→【位图】→【转换位图为矢量图】菜单项，在"转换位图为矢量图"菜单项中输入如下参数：

颜色阈值：100；

最小区域：10 像素；

曲线拟合："非常平滑；

角阈值：一般（或较多转角）。

单击【确定】按钮，一幅水彩画就制作成了。原图与制作后的效果如图 4.11 所示。

在制作特效时，要反复调整各参数进行试验，以便找出最合适自己需要的一组参数。除此之外，我们还应考虑图像品质和播放速度之间的平衡。

图 4.11　原图与制作后的效果

4.3　处理元件

在组成 Flash 8 文件的元素中除了有导入的声音、位图外，还有一种元素——元件（Symbol）。元件是 Flash8 中重要的组成部分。元件的重要性在于它的可重用性。在舞台上画的形状或位图，如果没有被转换为元件的话是不会放入库中的。一旦转换为元件，就被自动存储于库中，可以被多次调用并使用。

元件的优点如下。

（1）利用元件可以减小 Flash 文件的尺寸。元件可以被多次使用，而不会增加 Flash 文件的尺寸。每次使用就创建了一个实例，而不同的实例可以有不同的属性。

（2）有些动画效果只能用元件实现，如淡入、淡出效果必须用图形或影片剪辑元件来实现。

（3）元件可以提高工作效率。对元件的改动可以影响到所有相关的实例，所以只要一次改动就可以自动更新所有实例。如果不使用元件的话，要将所有复制了的形状都更改的话，将花费大量的时间。

元件和实例的关系类似于演员和角色的关系，一个演员可以扮演多个角色，一个元件可以创建多个实例。

聪明的设计师会利用这些优点，将 Flash 动画中的几乎所有元素都转换为元件，利用这些元件创建不同的实例，并组合实例来创建复杂的动画。

在 Flash 中可以创建 3 种元件：影片剪辑、按钮和图形。

1．影片剪辑元件

影片剪辑是最重要的元件，其主要特点如下。

（1）有自己的时间轴，而且不受主时间轴的控制，将它放在主时间轴上只需要一帧，即使主时间轴的动画停止了，它仍可以继续播放。

（2）可以包含声音、按钮、图形，甚至另一个影片剪辑。

（3）有更多的属性，如 x、y 坐标值，可见性等。

（4）可以设置色彩、混合、滤镜效果。

（5）可以设置其 3D 效果、透视效果。

2．按钮元件

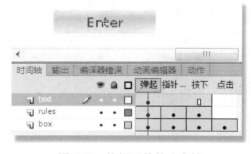

图 4.12　按钮元件的 4 个帧

按钮元件是常用元件，用于创建交互式按钮，可以感知并响应鼠标的动作。

按钮的时间轴有 4 种帧，这些帧被称作状态，包括"弹起"、"指针经过"、"按下"和"单击"，如图 4.12 所示。

（1）"弹起"帧的按钮形状是当按钮静止在舞台上，鼠标没有进入它的感应区时的状态。

（2）"指针经过"帧的按钮形状是当鼠标划过按钮时按钮显示的状态；通常我们将"指针经过"帧上的文字或形状设计成不同于"弹起"帧的内容，以便提示浏览者这是一个按钮或其交互区。

（3）"按下"帧的按钮形状是当鼠标按下按钮时按钮显示的状态。

（4）"单击"帧设定了按钮的感应区，即鼠标进入该区域后就变成手形。"单击"帧的形状确定了按钮作用的区域，在动画中是不显示出来的。

一般来说，几何形状作为按钮时，可以省略"单击"帧的设置，因为前面帧的形状可以指明鼠标的作用区，但是如果只用文字作为按钮的话，则一定要用一个几何形状（一般用覆盖文字的矩形）在"单击"帧处定义一个作用区，否则只有当鼠标遇到文字的笔画时才变成手形，鼠标才起作用，鼠标在笔画之外的空白区不起作用，这样鼠标单击、响应会很困难。

除了没有影片剪辑的 3D 效果、透视效果之外，按钮几乎拥有和影片剪辑一样的如下属性。

（1）有自己的时间轴，可以在时间轴上插入音乐，制作有音效的按钮。

（2）除了可以包含声音之外，还可以包含图形甚至另一个影片剪辑。

（3）有更多的属性，如 x、y 坐标值，可见性等。

（4）可以设置色彩、混合、滤镜效果。

3．图形元件

图形元件是三种元件中最简单的。图形元件用来存放需要重复使用的静态图像，它必须放进主时间轴上的帧中。虽然它看起来有自己的时间轴，但是其时间轴上除了第一帧外的声音和动画等，其他元素都被忽略了，不会发生作用。如果要播放图形元件上的动画，就必须加长主时间轴上的帧数以匹配图形元件中动画所需要的帧。图形元件的属性比影片剪辑和按钮简单很多，我们只能设置图像元件的位置、大小和色彩效果等简单几个属性。如图 4.13 所示，显示了三种元件的属性比较。

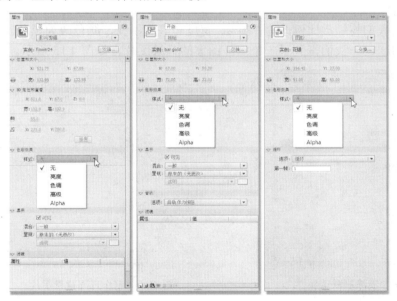

图 4.13　三种元件的属性

4.4　喷涂刷工具

现在，我们开始进入令人振奋的装饰性工具介绍。让我们从了解喷涂刷工具开始。

喷涂刷工具隐藏在刷子工具的后面。单击刷子工具的右下角，在弹出的小菜单里可以找到喷涂刷工具。喷涂刷使用起来很简单，利用默认形状（实际上就是一些点），在舞台上单击或拖动，就可以刷出麻麻点点的图案来。

如果只是这样使用喷涂刷工具，那就太委屈它了。实际上用喷涂刷可以制作出很多绚丽多彩的图案。让我们看看怎么充分利用喷涂刷，制作出美丽的图案。

1．使用默认形状喷涂

还是结合实例，了解、学习使用喷涂刷的功能。

【例 4-3】 制作背景图案。

知识点：使用喷涂刷工具。

制作步骤：

（1）选中【喷涂刷工具】，打开【属性】面板，如图 4.14 所示。

（2）将画笔的宽度和高度改为 400 像素，单击编辑按钮下的颜色框，改变颜色为浅灰色。用喷涂刷在舞台上均匀地刷过，让灰点遍布舞台。

这里的宽度和高度决定了喷刷出的点阵的密度。像素值越大，表示同样动作刷出的范围越大，点阵也越稀疏。

（3）再修改颜色值为中灰色，将画笔的宽度和高度仍设置为 400 像素。再次将喷涂刷在舞台上刷过。

（4）最后我们将缩放比例改为 150%，宽度和高度不变，颜色改为黑色。然后用喷涂刷在舞台均匀刷过。我们得到了一个点阵图案的背景图片，如图 4.15 所示。

图 4.14　喷涂刷默认属性　　　　　　图 4.15　制作点阵背景图片

2．使用自制的形状喷涂

我们还可以自制形状来替代默认的形状点。

【例 4-4】 为喷涂刷自制形状，制作背景图案。

知识点：使用喷涂刷工具。

制作步骤：

（1）选中隐藏在矩形工具下的【多角星形工具】→【属性】面板。单击【工具设置】下的选项，样式选择"星形"，点数选择"6"，星形顶点大小选择"0.2"。笔触颜色选择"无"，填充色选择"浅灰"。

设置完成后，在舞台上拉出一个尖角星形。

(2) 选择黑箭头工具，选中舞台上的星形，按 F8 键将其转换为影片剪辑元件。

为什么要转换为元件？因为只有转换为元件，这个形状才可以存放到库中并可以被重新使用，否则它只可以保留在舞台上。

(3) 选择【喷涂刷工具】→【属性】面板，单击【编辑】按钮，这时我们已经有了自己的形状，在弹出的选择元件的对话框中选择库中的元件。

回到【属性】面板，选中"随机缩放"、"旋转元件"和"随机旋转"，根据星形元件的尺寸调整缩放宽度和高度，如图 4.16 所示。在本例中，因为星形元件比较大，所以设置缩放宽度和高度为 50%。也可以在试验后再做调整。画笔的宽度和高度仍保持 400 像素。

设置好后，用鼠标在舞台上均匀地刷过，一幅随机产生的由星形组成的背景图就生成了。

(4) 再试一试这种设定。选择【多角星形工具】→【属性】面板，选择填充色为"浅蓝、橘黄、浅紫"等任何你喜欢的颜色，边数选为"4"，星形顶点大小选为"0.5"。然后，在舞台上拖出一个 4 角星形。最后，将其转换为影片剪辑元件。

按照步骤（3）的方法，设定喷涂刷的各项参数，然后在舞台上均匀地刷过。

(5) 在设定喷涂刷属性的时候，如果选择相同的缩放宽度，会刷出有立体感的图案。

发挥你的创意吧，可以设计出很多风格各异的形状，无论这些形状单独用来制作背景，还是几个形状混合制作背景，都会制作出独特的图案。

如图 4.17 所示，显示了由几种不同形状组成的背景图。

图 4.16 选择自己的喷涂图案

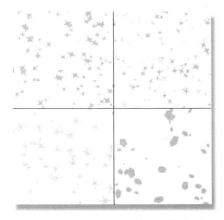
图 4.17 几种不同图案的喷涂效果

3．使用导入的图片喷涂

除了利用自制形状来使用喷涂刷之外，还可以利用导入的图像，或用事先导入到素材库文件中的图片来使用喷涂刷。导入的图片应该是具有透明背景的 PNG 或 GIF 格式的图片。

【例 4-5】 制作名人名言图片。

知识点：使用喷涂刷工具。

制作步骤：

(1) 打开【花素材.fla】文件,再新建一个 Flash 文件,取名为"名言"后保存。

(2) 确认当前文件"名言.fla"后,打开【库】面板,在库选择的下拉菜单中选择"花素材.fla",这样在当前文件"名言.fla"中就可以共享花素材的库文件了,如图 4.18 所示。

选中一个图片,如 flower11,将其拖到当前舞台上,如图 4.18 所示,这时切换回"名言.fla"文件的库,可以看到 flower11 已经在名言文件的库里了,然后关闭库面板。

注意,当前文件一定是你新建的文件,而不是素材库文件。

图 4.18 从素材库中导入图片

(3) 删除舞台上的花。选中【喷涂刷工具】→【属性】面板→【编辑】,将形状选为库中的"flower11",然后按照图 4.19 所示设定各项参数:

缩放宽度:30%;

缩放高度:30%;

选中"随机缩放"和"旋转元件";

画笔宽度:160 像素;

画笔高度:160 像素;

画笔角度:0 顺时针。

因为 flower11 图片尺寸作为背景图案稍大了些,所以设定缩放宽度和高度均为 30%。为了使喷涂出的图案不至于太密,所以设定画笔的宽度和高度为 160 像素。选中随机缩放,以便在喷涂中随机产生不同尺寸的图案,再选中旋转元件。

(4) 参数设定后,回到舞台,用喷涂刷在舞台四周沿边框刷开来,效果如图 4.20 所示的背景图案。

(5) 锁定当前图层,再新建一个图层。选择【文字工具】→【属性】面板,在文本类型处选择"传统文本"和"静态文本",在系列处选择一种字体,大小选择"33",在消除锯齿处选择"可读性消除锯齿",颜色选为"橘黄",然后在舞台上输入文字"人并不是因为美丽才可爱,而是因为可爱才美丽"。因为句子,在逗号后可以按回车键将文字分成两行。

(6) 取消对刚输入的文字的选择,然后再次选择【文字工具】,将字体改小为"20",在舞台上输入文字"--托尔斯泰",完成后的效果如图 4.20 所示。

第4章　Flash CS6图像处理与装饰性绘图工具　59

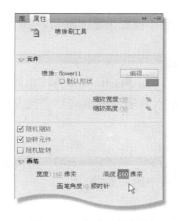

图 4.19　设置形状参数

图 4.20　名人名言图片

你是不是可以用这种方法和朋友分享名人名言或者你看到的其他好句子呢？曾经有一个台湾小伙用制作名人名言图片在脸书（Facebook）上分享的方式，吸引了几万名网友加他为好友呢。

4.5　装饰工具——Deco 工具

如果说喷涂刷工具让我们耳目一新，给我们绘制图案添加了便利工具的话，装饰工具会让你更开眼界。与装饰工具——Deco 工具相比，喷涂刷工具真是"小巫见大巫"了。

装饰工具大大丰富了 Flash 设计能力，繁多的种类、丰富的选择使设计更加轻松自如，用装饰工具甚至可以轻松地制作动画，这也是令设计师们兴奋的原因之一。

装饰工具大概可分为动画和非动画两类。如果按照操作方式分的话，也可分为单击和拖动两类。使用那些名为"刷子"的工具是要拖动鼠标来制作出效果的。而其他工具则只要单击来产生装饰效果。

有些工具只可以使用 Flash CS6 提供的形状，如建筑物刷子、装饰性刷子、花刷子和树刷子。而有些工具不仅可以使用 Flash CS6 提供的形状，还可以自制形状，或利用导入的图片来制作特殊效果。这类工具有藤蔓式填充、网格填充、对称刷子、3D 刷子和粒子系统等工具。有些 Deco 工具可以生成动画效果，如藤蔓式填充、火焰动画、闪电刷子、粒子系统和烟动画。

Deco 工具的种类如图 4.21 所示。

下面结合实例，我们学习几个典型工具的使用。

【例 4-6】　利用对称刷子制作名言图片。

知识点：使用 Deco 工具的对称刷子。

制作步骤：

（1）调整文档舞台尺寸。

图 4.21　Deco 工具的种类

新建一个文件，打开【文档设置】对话框，将文档尺寸设置为宽"800"，高"600"。有两种方法可以重新设置文档舞台尺寸。

① 单击【修改】→【文档】→【文档设置】对话框。

② 不选中舞台上的任何对象，或在舞台外单击一下，则 Flash 当前的状态处于文档位置。这时单击属性面板上的【属性】，在大小的后面输入数字，或拖动数字向左或向右来调整数字。

（2）导入图像。

用【例 4-5】中的方法，将花素材文件库中的"flower24"和"flower43"导入到新建的文件。这两个图形已经导入到库里，然后将舞台上的两个图片删除。

（3）使用 Deco 工具。

单击【Deco 工具】→【属性面板】：在绘制效果选择"对称刷子"；高级选项选择"旋转"。

然后单击【编辑】，点选"flower24"，如图 4.22 所示。

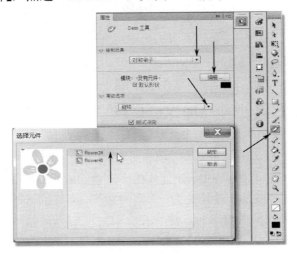

图 4.22　使用 Deco 工具

（4）布置图案。

这时舞台上有两个像时钟指针似的指针，单击舞台上某个位置后，"flower24"花图案就对称地出现在指针的两旁，旋转、移动鼠标，花图案也旋转、移动，甚至增加或减少，当图案满足你的需要时就可以停止鼠标的转动了。

如此操作，再次单击【舞台】，直到舞台上布置的花朵足够多了。

（5）布置第 2 个图案。

锁定刚完成操作的图层，然后再添加新图层，选中【新图层】→【Deco 工具】，在属性面板将模块换成"flower43"。

在舞台上单击，将图案均匀地分布舞台上，最好不要和其他花朵重叠。如此多次操作直到满意为止。

（6）转换为影片剪辑。

选择黑箭头工具，选中含有图形的关键帧，这样就选中了舞台上的所有元素，然后按 F8 键将选中的所有元素转换为影片剪辑元件，名称为元件 1。

单击【元件 1】→【属性】面板，在色彩效果的样式下拉菜单中选择"Alpha"，即透明度，将其值调整为"50%"，意思是将元件 1 调整为半透明。

（7）解锁另一图层。

对其上的元素做相同操作，将舞台上的花图案转换为影片剪辑元件，名称为元件 2。然后将其设置为"半透明"。

（8）在图案图层的上面新添加一个图层。

选中【文字工具】，设置文字为"传统文本和静态文本"，尺寸为"80"，颜色为"黑色"，消除锯齿为"可读性消除锯齿"，段落格式为"居中对齐"。设置好后，在舞台上输入文字"含泪播种的人一定含笑收割"，最后效果如图 4.23 所示。

图 4.23　利用对称刷子制作的名言图片

下面的例子中，我们只能使用 Deco 工具中 Flash 预设的图形。

【例 4-7】　利用建筑物刷子和树刷子制作城市背景。

知识点：使用 Deco 工具的建筑物刷子，树刷子。

制作步骤：

（1）新建一个文件，单击【属性】面板，将大小改为 1000 像素×800 像素。

如果舞台尺寸大于可显示的区域，则选择舞台右上角的舞台尺寸调整下拉菜单，将舞台调整为"符合窗口大小"，如图 4.24 所示。

（2）选择【Deco 工具】，在属性面板的绘制效果选"建筑物刷子"。高级选项的默认设置是"随机选择建筑物"，建筑物大小为"1"，先保存默认设置。然后从舞台的底部开始向上拖动刷子，拖出不同高度的楼房。

（3）新建一个图层。再次选择【Deco 工具】，在属性面板的绘制效果处选"树刷子"，然后选择一种树，如白杨树。在新图层的舞台上，在楼房的空当处从底部向上拖动刷子。

注意：当拖动结束准备抬起刷子时，先停留一会儿，这样产生的树枝和叶子才会茂盛，否则，刷子抬起得太快，可能只会生成一个光树干，或只有少量的树枝和叶子。

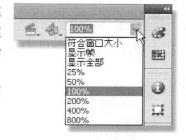

图 4.24　调整舞台大小

（4）再次选择【Deco 工具】，在属性面板选择另一种树，如枫树。然后修改树叶的颜色为"红色",再次在舞台上拖动刷子。

(5)还可以再次更换树木,如橙树,将树叶颜色改为"黄色",在树和建筑物中刷出黄色树叶的树,效果如图 4.25 所示。

图 4.25　建筑物和树

限于篇幅,我们只能结合实例介绍几个典型工具的使用。更多的内容可以课后自己多多练习,更可以更改属性参数,制作出不同的装饰效果。

4.6　三维工具——3D 平移和 3D 旋转工具

从 Flash CS4 开始,新增加了三维工具,使 Flash 不仅仅可以制作 2D 动画,还可以在动画中加入 3D 效果。在 Flash CS6 中,三维工具包含 3D 旋转工具和 3D 平移工具。

1. 3D 平移工具

3D 平移工具是对影片剪辑的位置控制工具,只对影片剪辑有效。在三维空间移动对象。一旦在对象上选中应用 3D 工具,舞台上就出现了红色和绿色箭头以及鼠标箭头下的字母 Z,如图 4.26 所示。

图 4.26　3D 平移工具

红色箭头对应 x 轴,绿色箭头对应 y 轴,而鼠标箭头下的字母 Z 则代表 z 轴。沿着红色箭头拖动鼠标,舞台上的对象就会沿着 x 轴移动,沿着绿色箭头拖动鼠标,舞台上的对象就会沿着 y 轴移动,而当鼠标下方有 Z 时,拖动鼠标,对象就会以消失点为依据前后移动。移动的强度则由透视角度决定。透视角度值越大,旋转的幅度就越大,如图 4.27 所示。

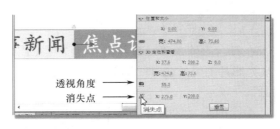

图 4.27　消失点

2. 3D 旋转工具

使用 3D 旋转工具,可以对舞台上的影片剪辑进行任意方向的旋转。当在影片剪辑元件上选择 3D 选择工具后,会出现红色、绿色交叉直线和蓝色、黄色圆圈,如图 4.28 所示。和 3D 平移工具类似,红色和绿色表示沿 x 轴、y 轴旋转,蓝色代表以 z 轴旋转,而外面的黄色代表可以以任意角度、任意坐标旋转。

图 4.28　3D 旋转工具

【例 4-8】　制作 3D 旋转的片头。

知识点：使用 3D 旋转工具。

制作步骤：

(1) 新建一个文件,在舞台上输入"大家谈"和"万花筒",为两段文字设置不同的背景颜色,然后转换为影片剪辑。在时间轴的第 40 帧处按 F5 键插入帧,右击普通帧处,选择"创建补间动画"。

(2) 将播放头移到第 20 帧处,单击舞台上的【影片剪辑】→【3D 旋转工具】,舞台上出现红、绿、蓝、黄工具标志,将鼠标移到到绿色水平线附近沿圆周向下拖动,影片剪辑开始沿 y 轴旋转,如图 4.29 所示。

拖动鼠标直到遇到红色垂直线,影片剪辑变成垂直窄条,停止拖动鼠标。再将播放头移动到底 40 帧,再次从绿色水平线沿圆周向下拖动鼠标直到垂直线为止,影片剪辑从窄条以 y 轴为轴心旋转渐渐展开。

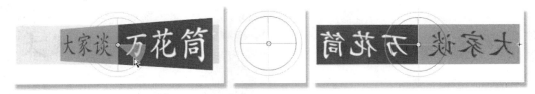

图 4.29 3D 旋转工具

（3）添加一个图层，在舞台上输入"时事新闻"和"焦点访谈"，为两段文字设置不同的背景颜色，然后转换为影片剪辑。在时间轴的第 40 帧处按 F5 键插入帧，右击普通帧处，选择"创建补间动画"。

（4）重复步骤（2），不同的是，这次是在第 1 帧和第 40 帧处使影片剪辑旋转到垂直窄条，而在第 20 帧处展开影片剪辑，使两个影片剪辑错开旋转时间，效果如图 4.30 所示。

图 4.30 旋转的新闻片头

实训 4

1. 到互联网上收集免版税的音效文件，制作自己的音效素材库。
2. 选一句喜欢的名言，利用装饰工具制作名言图片。
3. 利用 Deco 工具的建筑物刷子，制作水平方向的前后两排楼房（不是左右两排楼房），楼房之间穿插彩色树木。

提示：在两个图层的舞台上应用建筑物刷子，刷出两排楼房：上面图层的建筑物尺寸大些，视觉上看起来离我们近些；而下面图层的建筑物尺寸小些，看起来远些。

第5章 Flash CS6 逐帧动画技术

5.1 动画原理

1. 原始动画

逐帧（Frame-by-Frame）动画又称关键帧动画、原始动画。

原始动画技术是利用人的视觉暂留原理，快速地播放连续的、具有细微差别的图像，使原来静止的图像运动起来。人眼所看到的影像大约可以暂存在脑海中 1/16 s，如果在暂存的影像消失之前观看另一张与上一张影像有细微差别的影像，便会感觉到影像中的对象动起来了。如果观看一系列连续动作的影像，便能产生活动画面的幻觉。电影胶卷的拍摄和播放速度是每秒 24 帧画面，比视觉暂存的 1/16 s 快，因此看到的是活动的画面，实际上这些活动的、生动的画面是由一系列静止的图像组成的。

如图 5.1 所示，本来每张图都是静止的，但是如果把它们印在一本书的连续页中，快速地翻看这本书，就会感到旗帜飘动起来了。如果把它们放入动画的连续画面中，就是一个动画。这就是原始动画的原理。

图 5.1 由静止图像构成的连续画面

Flash 逐帧动画就是利用原始动画的原理制作的，它将静态图像分布在每一帧中，从而连缀成动画。如果将上面的每张图片按照先后顺序放入 Flash 的同一时间轴的每一个关键帧中，则生成了一个简单的 Flash 逐帧动画。利用逐帧动画技术可以制作很多独特的动画效果。

在下面的实例中，让我们体会一下 Flash 的逐帧动画。

【例 5-1】 由 gif 文件理解 Flash 逐帧动画。

知识点：理解逐帧动画。

制作步骤：

（1）导入图像。

新建 Flash 文件，选中第 1 帧，单击【文件】→【导入】→【导入到舞台】（不要导入到库），将 flagani.gif 文件导入到当前舞台上。flagani.gif 是一个动画 gif 文件。实际上它是由一系列图片组成的。

图 5.2 逐帧动画

当图片导入到 Flash 后，时间轴上出现了一系列关键帧，如图 5.2 所示。每一个关键帧的舞台上都有一幅图片，每幅图片与其他帧上的图片都稍有不同。这一系列的不同图片构成了一个连续的动作。

（2）重新设置文档尺寸。

单击【修改】→【文档】→【文档设置】对话框，在"匹配"处选择"内容"，即设置文档尺寸为与内容匹配，这样舞台尺寸就与旗子的尺寸一样了。

（3）测试影片。

单击【控制】→【测试影片】→【在 Flash Professional 中】，或按 Ctrl+Enter 组合键，可以在弹出的窗口中看到生成的动画。

这就是传统动画，Flash 中的逐帧动画。

除了这种由连续图片组成的逐帧动画之外，我们通常将物体或人物的连续动作分解为一系列的画面并放置在一系列的关键帧上，从而制作出逐帧动画。比较有名的这类动画当属著名 Flash 动画设计师朱志强制作的"小小系列动画"（又称作火柴头人物系列动画）。2001 年前后，小小的火柴头作品开始流行，风靡一时，当时火柴头人物动画成了 Flash 动画的代名词。即使在今天，火柴头动画仍非常受欢迎，有些外国 Flash 设计师也模仿其进行动画创作。

2. 帧及帧频

Flash 动画是以时间轴为基础的帧动画。从第 1 章中我们知道，Flash 动画是按照时间和空间的顺序排列、组织元素的。帧以它们在时间上出现的顺序从左到右依次排列，然后沿时间轴顺序播放，如图 5.2 所示。

由【例 5-1】我们知道，帧是组成动画的基本单位，一帧即一个画面，相当于电影中的一个画格。正如电影中连续画面组成了电影一样，Flash 中的连续帧就构成了 Flash 动画。

Flash 动画播放速度（帧频）按每秒多少帧计算，记作 fps。默认的 Flash CS6 帧频为 24，即每秒播放 24 帧。帧频越高，动画效果越流畅，同样内容的动画需要的帧数也越多。

我们可以在文档属性中改变 fps 值，也可以在动画的时间轴的下方改变 fps，如图 5.3 所示。

第5章 Flash CS6逐帧动画技术 | 67

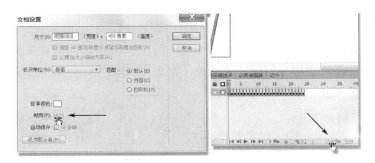

图 5.3 改变帧频

5.2 帧和动画类型

在这里我们先了解一下 Flash CS6 动画中的各种帧和动画概念，在以后各章动画制作中将更深入地认识这些帧、动画及属性。

1．关键帧和普通帧

带有黑圆点的帧是关键帧，即其舞台上包含独特内容的帧，其后面灰色的帧包含无变化的相同内容，这些无变化的帧称为普通帧。一系列的普通帧以一个含有空心矩形的帧结束，如图 5.4 所示。

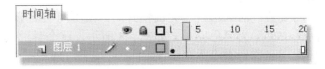

图 5.4 关键帧和普通帧

2．逐帧动画

一系列的关键帧排列在时间轴上形成了逐帧动画。有时，为了延长逐帧动画的播放时间，或使动画变慢，我们可以在关键帧后插入普通帧。逐帧动画如图 5.2 所示。

3．补间形状动画

淡绿色背景上的带有黑色箭头和黑色圆点所表示的关键帧是补间形状帧。起始黑色圆点关键帧和结束关键帧，以及介于中间的过渡帧，形成了补间形状动画。在过渡帧的舞台上，动画中的形状处于变化中，如图 5.5 所示。

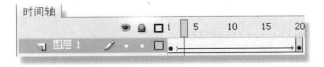

图 5.5 补间形状动画

4．补间动画

一段具有浅蓝色背景的帧表示补间动画帧。补间动画由黑色圆点关键帧开始，至黑色菱形关键帧结束。黑色菱形关键帧表示改变了属性的关键帧。一段补间动画可能含有多于一个的黑色菱形关键帧，如图 5.6 所示。

图 5.6　补间动画

5．传统补间动画

蓝紫色背景上的带有黑色箭头和黑色圆点表示的是传统补间帧。起始位置的黑色圆点关键帧、结束位置的黑色圆点关键帧与它们之间的渐变帧构成了传统补间动画，如图 5.7 所示。

图 5.7　传统补间动画

6．骨骼和反向运动姿势

骨骼动画由一系列具有深绿色背景的帧表示。骨骼动画又称作反向运动（IK）。动画中的变化称为反向运动姿势。动画由圆点关键帧开始，由不同的菱形关键帧（即姿势）组成，每个姿势在时间轴中显示为黑色菱形。如图 5.8 所示，这个骨骼动画包含了很多反向运动姿势，其图层上图层名称旁有个人形图案。

图 5.8　反向运动姿势

7．动作脚本关键帧和标签

带有 a 标识的关键帧表示该帧的动作面板含有代码，为动画已经分配动作。
带有小旗的关键帧含有标签，用于程序代码对其对象进行控制。
如图 5.9 所示，第 1 帧有一段代码，而第 10 帧上有一个标签 jump。

图 5.9　代码和标签

5.3 逐帧动画制作实例

下面我们通过一些实例，进一步理解逐帧动画的概念，学会发布、生成简单的动画。

【例 5-2】 由 gif 文件生成 Flash 逐帧动画。

知识点：导入 gif 文件，文件发布设置。

制作步骤：

（1）新建一个 Flash 文件，单击【文件】→【导入】→【导入到舞台】，将 ace.gif 文件导入到舞台上，这时会看到图层 1 的时间轴上已经有多个含有内容的关键帧。拖动播放头，可以看到这些关键帧上的图片构成了一个动画。

（2）单击【修改】→【文档】，在【文档设置】对话框中将文档尺寸与舞台上的内容匹配。

（3）发布设置，如图 5.10 所示。将文件命名为"ace_framebyframe.fla"。单击【文件】→【发布设置】，在【发布设置】面板中，默认设置中有"格式"、"Flash"和"HTML"3 个标签。因为我们并不想将这个文件发布到网络，所以在"格式"标签页，取消选中的"HTML"项，结果只剩下"格式"和"Flash"标签。

在"Flash"标签中，选中"防止导入"，将"JPEG 品质"的滑块拖到最大值 100 处，然后单击【本地回放安全性】→【只访问本地文件】→【确定】。

几点说明如下。

① 关于"防止导入"："防止导入"选项是为了保护我们的作品不被导入到别人的 Flash 文件中。如果在发布作品时没有选择此项，我们的作品可以被导入到任何 fla 文件中，作品中的图像、声音素材会被别人利用。当选择了"防止导入"项发布作品后，当任何人导入这个被保护了的作品时，就会出现如图 5.11 所示的信息。

当然，如果我们不在意别人使用我们的作品，也可以不选择"防止导入"。

② 关于"本地回放安全性"项：对于在计算机上播放的动画，应该选择"只访问本地文件"，而要发布到网络时，如嵌入到网页中，则应该选择"只访问网络"。

③ 因为动画中没有 ActionScript 代码，所以没有考虑有关程序调试方面的选项，如"省略 trace 动作"，"允许调试"。如果动画中有代码，则应该选中"省略 trace 动作"选项。

（4）单击【文件】→【发布】，则当前的 fla 源文件就发布成了播放文件（swf 文件）。以后要播放动画时，双击刚刚生成的 swf 文件即可。如果我们要修改这个文件，应该打开 fla 源文件，播放文件是不能被修改的。发布设置参数设定如图 5.10 所示。

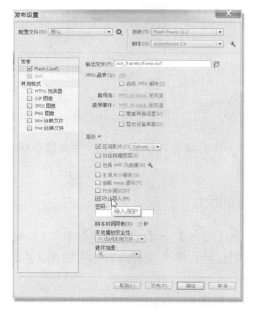

图 5.10　发布设置

图 5.11　保护作品被导入

提醒：在发布设置的下部，有"本地播放安全性"选项列表。如果要发布到网络上播放，应该选择"只访问网络"；如果只在计算机中播放，不上传到网络，那么就选择"只访问本地文件"。

【例 5-3】　利用火焰动画和 3D 刷子制作动画。

知识点：使用 Deco 工具的火焰动画和 3D 工具，制作影片剪辑元件，播放动画的方法。

制作步骤：

（1）新建一个文件，单击【插入】→【新建元件】，在弹出的对话框中确认类型是影片剪辑，单击【确定】按钮。这时工作区进入到影片剪辑的舞台，即影片剪辑编辑窗口，下面的时间轴是当前影片剪辑的时间轴，由此可以看出，影片剪辑可以是动画。包含影片剪辑的 Flash 动画可以看成是动画嵌套动画。

（2）选中【Deco 工具】→【属性】面板，在绘制效果处选择"火焰动画"。

此时鼠标形状为小桶，将鼠标在舞台中心的十字符号处单击，火焰动画就自动生成了，如图 5.12 所示。查看时间轴，一系列的关键帧生成了，其动画效果就是一束跳动的火焰。

图 5.12　利用 Deco 工具制作的火焰动画

（3）单击舞台上方的【场景 1】，回到主工作区。刚才的动画是生成在影片剪辑的舞台上，而现在的主工作区的舞台是空的，因为我们还没有将刚刚生成的影片剪辑拖到主工作区的舞台上。影片剪辑保存在库里。

再次选中【Deco 工具】，在属性面板的绘画效果选择"3D 刷子"。之后，属性面板出现了新的选项，对象 1、2、3、4 的后面都有一个编辑按钮，依次单击【编辑按钮】，然后选择"元件 1"，这样 4 个对象都设置为影片剪辑元件 1，如图 5.13 所示。

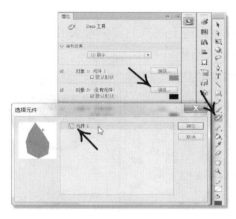

图 5.13　设置对象为元件

当然，你也可以制作 4 种不同的元件或形状，分别设置给 4 个对象，如实训中所要求的。

（4）设置好后，将鼠标从舞台左上角开始，沿对角线方向向下刷，直到右下角为止。

（5）开始播放动画，单击【控制】→【测试影片】→【在 Flash Professional 中】，动画开始播放，效果如图 5.14 所示，左图为舞台上第 1 帧的图案，右图为发布成动画后播放的效果。火焰由小而大，由远而近，富有立体感。

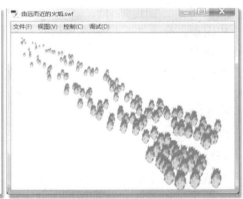

图 5.14　3D 火焰动画

传说古代的旺财之物三足金蟾能口吐金钱，今天我们来制作一个好玩的动画：口吐金币。

【例 5-4】　利用粒子系统制作口吐金币动画。

知识点：使用 Deco 工具的粒子系统工具。

制作步骤：

(1)打开文件"口吐金币_原.fla",文件的库中已经有两个图片,张开的口(已经放置在舞台上)和金币(在库中)。在库中的金币图片已经转换为元件。

在图片口的图层上面新增一个图层。

(2)选中新图层,单击【Deco 工具】,在属性面板的绘制效果选中【粒子系统】。单击粒子 1 和粒子 2 后面的【编辑】按钮,将粒子 1 和粒子 2 设置为"金币"。

在属性面板将初始大小由默认的"100%"改为"40%",其他参数不变,如图 5.15 所示的左图。

(3)设置好后,将鼠标在舞台上张开的口中舌头的上方单击一下,动画就生成了。测试动画,效果如图 5.15 所示的右图。

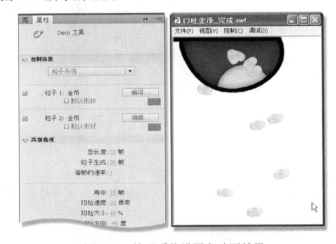

图 5.15 粒子系统设置和动画效果

Deco 属性面板上的其他参数,我们可以根据设计需要,进行适当调整。

【例 5-5】 制作具有打字效果的动画。

知识点:分离文字,插入关键帧、空白关键帧及普通帧,翻转帧,加入声音效果,声音的事件同步设置,制作逐帧动画。

在这个例子中,我们先对声音及其处理有个基本了解,在第 13 章中我们再做深入探讨。

制作步骤:

(1)新建文件。

新建一个尺寸为 550 像素×260 像素的文件,在舞台上输入一段文字,用对齐面板将文字调整到舞台中心位置。双击图层的名字处,将现有图层改名为"text"。单击图层下方的插入图层按钮,新建两个图层,从上到下分别命名为"sound"和"as",用来放置声音文件和加入 ActionScript 代码。

(2)分离文字。

单击文字所在的帧,单击【修改】→【分离】,或按 Ctrl+B 组合键,将文字分离。要注意的是,在这里只分离一次文字,将文本的句子分离成单个字即可,如图 5.16 所示,左图为分离前的文字,右图为分离后的文字。

图 5.16　分离文字

（3）制作逐帧动画效果。

选中当前关键帧，单击【插入】→【时间轴】→【关键帧】，或直接按 F6 键，插入了一个新关键帧。插入关键帧的结果是在当前关键帧的后面新增加一个关键帧并将前一个关键帧上的内容自动地复制到新建的关键帧上。

在新插入的关键帧上，将最后一个符号"。"删除。

（4）删除文字。

重复步骤（3），在第 2 帧的后面再插入一个新关键帧，并删除当前舞台上的最后一个字母"r"。

重复插入关键帧和删除文字或字符的操作，直到舞台上所有文字都被删除为止。最后一个关键帧应该是空白的，其舞台上是空的。

（5）翻转帧。

从第 1 帧向后拖动时间轴上的播放头直到最后一帧，可以看到文字渐渐变少。我们需要的效果是文字逐渐增加，现在的效果正好相反。是不是要重新制作？不用，Flash 有一个功能让我们轻松地将现在的结果变成我们需要的效果。

单击 text 图层名后的空白处，这时该图层上的所有帧都被选中，变成蓝色，然后右击被选中的帧，在弹出的菜单中选择【翻转帧】，这时所有的帧都翻转过来，原来的末帧现在变成了首帧。按回车键观看动画，可以看到一个文字逐渐增加的动画。

（6）导入声音文件。

单击【文件】→【导入】→【导入到库】，将 sound 文件夹中的音效文件 typing.wav 导入到库中。然后新建一个图层，命名为 sound。这时声音图层和文字图层上具有相同的帧数。

（7）添加打字机音效。

单击声音图层的第 1 帧，按 F6 键，将第 2 帧变为关键帧。

将声音文件设置到关键帧有以下两种方法。

① 单击声音图层的第 2 帧，打开【库】面板，将库中的 typing.wav 拖到舞台上，如图 5.17 所示。

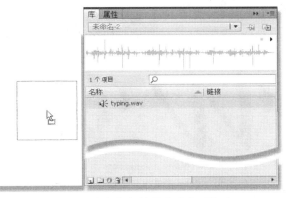

图 5.17　将声音文件从库中拖到舞台

② 单击声音图层的第 2 帧，打开【属性】面板，在声音的下拉列表中选择"typing.wav"，声音文件就出现在当前帧上了，如图 5.18 所示。

（8）设置声音同步。

单击声音图层的第 2 帧，在声音的属性面板中重复选项后面的输入框中输入"2"，这样当文件播放时，声音和动画就会同步开始、同步结束。在同步后面的下拉列表中选择"数据流"，如图 5.19 所示，声音和动画同时播放，如果动画结束，声音也结束。

图 5.18 在属性面板选择声音　　　　图 5.19 设置声音同步为数据流

最后测试动画，一个带键盘音效的打字动画生成了。

【例 5-6】 制作毛笔写字的效果。

知识点：使用橡皮擦工具，文字分离为形状（关于形状的概念第 7 章会详细叙述），翻转帧。

制作步骤：

（1）准备文字。

新建一个 Flash 文档，尺寸为 500 像素×200 像素。选择【文字工具】，在【属性】面板选择字体，本例中选"Monotype Corsiva"，字号"96"。在第一帧舞台上输入"Wonderful"，将文字放置于舞台中间稍向左、向上一些的位置（留出刷子运动的区域）。将当前图层命名为"文字"。

（2）文字变形状。

两次选择【修改】→【分解】，或执行两次 Ctrl+B 组合键，将文字分解为形状，这时选中文字，细看其表面有网状点阵。文字只有两次分离成为形状时，才能使用橡皮擦工具对文字进行修改。如图 5.20 所示，显示了文字分离前和经过两次分离后成为形状的比较效果。

图 5.20 原始文字和分离后成为形状的比较

(3) 擦除文字。

按 F6 键在第一帧的后面添加一个关键帧，将该帧舞台上最后的字母用橡皮擦工具擦去 1/4，擦除的方向为书写的逆顺序。

(4) 擦除所有文字。

再按 F6 键在该帧的后面添加一个关键帧，将最后的字母用橡皮擦工具再擦去 1/4。以此类推，每添加一个关键帧，按书写的逆顺序擦去字母的一部分，直至擦除所有字母。

注意：在这个动画中，每次用橡皮擦工具擦除的部分越少，动画越流畅、播放效果越好，但是需要的帧数也越多，工作量也越大。

(5) 翻转帧。

选中所有关键帧，右击选中的帧，在弹出的快捷菜单中选择【翻转】项，使原来的第一帧变成现在的最后一帧。拖动时间轴上的播放头，会看到文字逐渐显示出来。

(6) 制作毛笔。

新建一个图形元件，命名为"brush"，在其编辑窗口，选择矩形工具，填充颜色选白色—褐色线性渐变，笔触颜色选无色，画一个细长矩形，作为毛笔杆。再在矩形的顶部画两条直线，相交于一点，用黑箭头工具调整直线成曲线，做成毛笔头的形状，填充色选浅灰色—黑色线性渐变色。然后删除笔触颜色，只保留填充色，如图 5.21 所示。

图 5.21　制作毛笔头

制作浅灰色—黑色线性渐变色的方法：先在颜色面板中将填充色选为线性渐变，这时填充色应该是默认的白色—黑色渐变色。然后在渐变色编辑器上将白色油漆桶改为浅灰色。

(7) 设置毛笔的位置。

返回主场景，新建一个图层，命名为"毛笔"。选中第 2 帧，打开库，将库中的 brush 元件拖入到舞台上，将图层上的所有帧都转换为关键帧。这样，每个关键帧上都放置了毛笔，接下来要做的就是要调整毛笔的位置。

单击第 2 帧，将毛笔放在当前笔画的末尾处。将其他帧上的毛笔都调整到舞台上文字的末尾处。为了制作更逼真的效果，在某些帧将毛笔的角度做些调整，如图 5.22 所示。

图 5.22　毛笔的位置

按 Ctrl+Enter 组合键，播放动画。

在逐帧动画中也可以在每个关键帧后插入适当的普通帧，以便延长画面的显示时间。

【例 5-7】 模拟手绘过程，绘制 Snoopy 画像

知识点：抠图技巧，使用套索、魔术棒、橡皮擦工具。

制作步骤：

（1）准备形状图。

准备一张图片，该例中是 Snoopy 图片。选中图片，然后按 Ctrl+B 组合键，将图片分离为形状。

（2）删除背景白色。

为了使操作结果一目了然，先将舞台的背景设置成与图片背景不一样的颜色，如浅灰色。

方法是：单击【修改】→【文档】，在弹出的【文档设置】对话框中单击【背景颜色】，选一种颜色后，按【确定】退出。

单击【套索工具】，工具栏的底部会出现隶属于套索工具的 3 个选项：魔术棒工具、多边形模式以及魔术棒设置。使用过 Photoshop 的同学会对魔术棒不陌生。Flash 的魔术棒和 Photoshop 的魔术棒很相似，它是用来选择图片上颜色相近的区域。首先单击【魔术棒设置】，将阈值选为"20"，然后将平滑下拉列表打开，选择"平滑"，如图 5.23 所示。

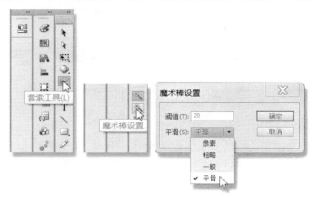

图 5.23　魔术棒设置

这里，阈值表示的是相近颜色的范围，数值越小，条件越苛刻，稍微不一样的颜色区域都不会被选中；数值越大，可容忍的颜色值越多，相近的颜色区域可能都会被选中。

魔术棒设置好后，再单击【魔术棒】，然后在图片的白色背景处单击，按【删除】键。白色背景就被删除了，如图 5.22 所示。

图 5.24　删除图片背景

继续用魔术棒单击【舞台】，将全部白色背景删除。少许没有删除干净的地方，用橡皮擦工具将其删除。

背景处理完毕后，将舞台背景再恢复成白色。

小技巧：为了处理细部，单击舞台右上角的调整窗口下拉列表，可以将舞台放大到 200%甚至更大，使局部放大以便观看更仔细，操作更方便，如图 5.25 所示。调整橡皮擦工具的尺寸，在不同场合用不同大小的橡皮擦。

（3）擦除图画。

想象一下，如果我们绘制这张图画，应该从哪里开始、到哪里结束？最后一笔是哪里？是不是最后几笔应该是表示 Snoopy 晃动的左右 4 条线条？仔细判断好绘画的顺序后，我们就可以开始按照绘画的逆顺序擦除图画的线条了。

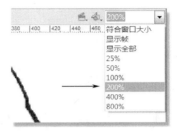

图 5.25 放大舞台

将图层 1 改名为"snoopy"。当前 snoopy 图层只有一个关键帧，选中该关键帧，按 F6 键，插入一个关键帧。单击【橡皮擦工具】，擦除最后一笔线条。再按 F6 键，擦除倒数第二笔，以此类推，不断插入关键帧，不断擦除图形中的线条，直到整个图形擦除完毕。

提醒：每次擦除的线条长度决定了动画播放时间的长短以及动画播放的流畅程度。如果希望动画快速播放，每次擦除的线条长度可以长些；如果希望动画播放效果更流畅、更完美，则每次擦除的线条长度要短些。

（4）翻转帧。

擦除的目的是为了模拟绘画的过程，而绘画的过程是擦除的逆顺序，所以要把整个 snoopy 图层上的顺序颠倒过来。单击 snoopy 图层，选中所有帧，右击被选中的帧，在弹出的菜单中单击【翻转帧】。

（5）准备手的图片。

单击 Snoopy 图层上相对于锁和眼睛的位置，将其锁定并隐藏。

新建一个图层，取名为"hand"。将手的图片导入到舞台，用同样方法将背景删除。处理完毕后，选中手的形状，按 F8 键将其转换为影片剪辑元件。

单击手所在图层，按 F6 键，将整个图层的帧都转换为关键帧。

（6）布置手的动画。

再次单击诺比图形所在图层相对于眼睛的位置，将其解除隐藏。单击手所在图层第 1 个关键帧，将手的位置移动到 Snoopy 图形的倒数第一笔线条的末端位置，在第 2 个关键帧处再移动手到倒数第二笔线条的末端位置，以此类推，在不同的关键帧处，不断移动手的位置到与 Snoopy 图形相对应的位置。

完成手的动画后，将 hand 图层锁定。

（7）设置遮罩。

为了遮盖住舞台外面的半只手臂，用遮罩显示舞台有效区域。

新建一个图层，确保该图层在最上面。如果不是处于最上层，则拖动该图层到最上层。命名为"mask"。

在舞台上用【矩形工具】拖出一个矩形，用【对齐】面板将矩形调整为与舞台尺寸一样大小。方法参考【例 2-5】，使矩形和舞台同尺寸并居中，如图 5.26 所示。

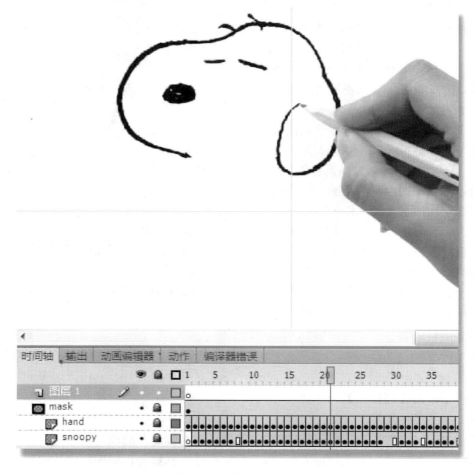

图 5.26 手绘 "Snoopy"

右击 mask 图层，在右键快捷菜单中单击【遮罩层】，mask 图层就设置为遮罩图层，而其下的 hand 图层变为被遮罩图层。

再右击 snoopy 图层，在右键快捷菜单中单击【属性】，在弹出的图层属性对话框中单击【被遮罩】，则 snoopy 图层也被设置为被遮罩图层。

大功告成！按 Enter 键看看动画效果吧。

实训 5

1. 模仿实例练习，尽快熟悉各种工具的综合应用。
2. 利用 Deco 工具的 3D 刷子，绘制一幅森林图画，如图 5.27 所示。

提示:选择4个形状或元件,分别设置给4个对象,以便使森林中的树木多样化。

图 5.27 森林

3. 找张自己喜欢的卡通人物或花草等白描画,或在 Flash 舞台上用 Flash 工具手绘白描图,模仿【例 5-7】的方法制作手绘图的动画。

提示:如果用 Flash 工具手绘白描图,则不用分离和抠图,因为 Flash 工具制作的图形就是形状,无须再做其他处理,直接就可以从【例 5-7】的步骤(3)开始做动画。

第 6 章 Flash CS6 补间形状动画技术

6.1 形状的概念

在第 5 章的【例 5-6】中我们初次对形状有了一个感性认识。如果将位图分离,则变成了形状。变成形状的意义在于变成了矢量图,我们可以用 Flash 工具对其进行编辑、处理,形状也是制作补间形状动画的必要元素。

术语"补间"(tween)是补足区间(in between)的简称。补间形状动画就是 Flash 用计算在两个不同的形状之间产生过渡,使一个形状渐变为另一个形状。

在 Flash CS6 中,制作补间形状(Shape Tween)动画的元素必须是形状,而形状就是用 Flash CS6 绘图工具(除文字工具外)绘制的线条(包括点)、矩形、圆形或不规则图形,或经过分离后的位图和文字。

辨别是否是形状的简单办法:选中舞台上的对象后,对象表面如果有网状点阵即是形状,否则就不是。如图 6.1 所示,左图是 jpg 图像,右图是按 Ctrl+B 组合键将图像分离为形状后,单击图形表面所呈现的样子。

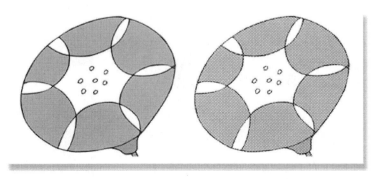

图 6.1 位图分离前后的比较,右图为分离后的形状

如果用文字制作补间形状动画,则应将文字进行分离,如果文字为多个字符则需要两次分离,使文本转换为形状。如图 6.2 所示,左图为原文字,中图为分离一次的文字,右

图是经过两次分离后的形状。

图 6.2　原文字和分离一次、二次后的结果

6.2　简单的补间形状动画

补间形状动画是产生形状变化的动画，如正方形变成圆形、鸡变羊等。在补间形状动画中，动画以某个形状出现，随着时间的推移，最开始的形状变成了另一个形状。Flash CS6 还可以对形状的位置、大小和颜色产生渐变效果，如图 6.3 所示。

图 6.3　海豚变恐龙

常用的补间形状动画的属性参数设置有如下选项。

1）缓动

① −1～−100 表示渐变变化由慢到快，加速度。

② +1～+100 表示由快到慢，减速度。

③ 0 表示恒速变化。

2）混合模式

一般采用分布式（默认方式），只有当要表现很特殊的效果时才选择角形。

3）颜色

在制作补间形状动画时，首帧和末帧不仅可以有不同的形状，而且还可以对形状设置不同的颜色。

【例 6-1】　制作文字补间形状动画。

知识点：制作补间形状动画，分离文字。

制作步骤：

（1）在舞台上输入红色的文字"A"，选中文字，单击【修改】→【分离】菜单项，或按 Ctrl+B 组合键，将文字分离为形状。因为只有一个字母，所以只分离一次即可。

（2）在时间轴上的第 20 帧按 F6 键插入关键帧，将第 20 帧舞台上的字母改成"D"，颜色改为"黑色"。将字母 D 也分离成形状。

（3）右击第 1～19 帧之间的任一帧，在弹出的菜单中单击创建补间形状，或单击第 1～19 帧之间的任一帧后，单击菜单栏的【插入】→【补间形状】，如果在第 1～19 帧处出现绿色箭头，说明补间形状动画已经生成；如果出现虚线，则表示有问题，要检查一下哪里出了问题，再进行修改，如图 6.4 所示。

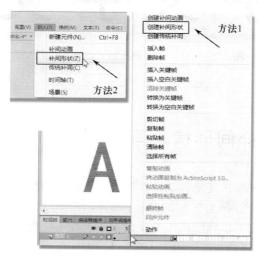

图 6.4　创建补间形状

（4）拖动播放头，或按 Enter 键，观看效果，如图 6.5 所示。

图 6.5　文字补间形状

从图 6.5 中可以看出，原始文字是第 1 帧的 A，随着播放头（图中时间轴上部的红色小矩形）的播放，字母 A 渐渐转变成 D。

在这个例子中，字母相对简单，形状变化还算清晰。但是如果图像复杂，形状在补间帧的变化会变得很凌乱。有时候我们还希望在补间帧上控制动画的变化方向，按照我们的意愿而变化。6.3 节我们将学习如何控制形状变化的方法，以便取得理想的补间效果。

6.3　补间形状的方向控制方法

在制作补间形状动画时，为了控制形状变化对应点，我们可以在首帧和末帧的相应位置设置形状提示。形状提示用英文字母标识，在起始形状和结束形状上，使用从字母 a 到字母 z，最多 26 对形状提示。形状提示用于识别起始形状和结束形状中相对应的点，从

第6章 Flash CS6补间形状动画技术

而使形状变化更合理、更协调、更符合我们的要求。

在添加形状提示点时，只有当起始关键帧上的形状提示是黄色的，结束关键帧的形状提示是绿色时，才说明提示点已经设定正确；否则两个关键帧上的提示点是红色的话，说明前后两个提示点不在同一点上，设置没有成功，应该移动提示点找到正确的位置，直到变成正确颜色为止。

【例 6-2】 利用形状提示点控制变形。

知识点：设置形状提示点，设置补间形状动画。

制作步骤：

（1）在当前图层的第 1 帧的舞台上画一个无描绘色的三角形。

绘制方法 1：

① 选择【直线工具】，按 Shift 键的同时拖动鼠标在舞台上画一水平直线。

② 仍然按 Shift 键，在直线的左端向上拖动鼠标画一条 45°的斜线，然后在直线的右端向上拖出一条 135°的斜线，两条斜线相交于一点。

③ 单击油漆桶，选好颜色后，在三角形的中心单击，三角形就被填充了颜色。

④ 这时就可以删除水平线和斜线了，单击这些线段，然后按 Delete 键。要注意的是，因为线段相交后被分割成碎段，删除时不要漏掉任何一条线段。

用这种方法画出的三角形是底角为 45°的等腰三角形。下面的方法可以画出等边三角形。

绘制方法 2：

① 选择【多角星形工具】，多角星形工具隐藏在矩形工具的菜单下。

② 打开【属性】面板，将描绘色选为"无色"，填充色选一种颜色。

③ 单击【选项】按钮，设置样式为"多边形"，边数为"3"，按【确定】，见图 6.6。

④ 用鼠标在舞台上拖出一个三角形。要注意的是，底边应与舞台的底边平行。

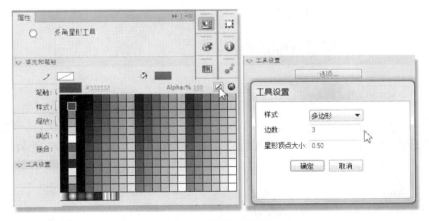

图 6.6 设置多边形

（2）在第 20 帧插入空白关键帧，在该帧的舞台上画一个无描绘色的圆形，填充放射性渐变，用变形工具将圆形压扁。

（3）右击第 1～19 帧之间任一帧，然后单击【创建补间形状】，拖动播放头，可以看到渐变是按顺时针方向变化的，即三角形的左下角变成了椭圆的左边，三角形的右上边变成了椭圆的右边，三角形的顶点和右下角融合进椭圆的上边和下边。起始帧、中间帧及结束帧上的形状如图 6.7 所示。

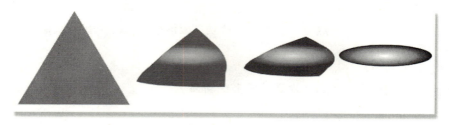

图 6.7　三角形变椭圆形

（4）如果想改变补间渐变的方向，例如，希望三角形沿垂直方向向椭圆渐变，效果看起来就像把图形压扁了，那么就一定要设置形状提示来控制动画变化的方向。

选中第 1 帧，选择【修改】→【形状】→【添加形状提示】菜单项，这时舞台上出现一个红色的 a，拖动 a 到三角形的顶点，选中第 20 帧，将椭圆上的 a 拖动到椭圆上边的中间位置，如果三角形上的 a 变成黄色，椭圆上的 a 变成绿色，说明提示点的设置正确无误；如果两个形状上的 a 没有变色，则说明设置有错误，要重新调整。

用同样的方法继续添加形状提示点，将三角形的第二个提示点 b 移动到左下角，将椭圆的 b 移动到左端；将三角形的 c 移动到右下角，将椭圆的 c 移动到右端；将三角形的 d 移动到底部中间、椭圆的 d 移动到底部中间，如图 6.8 所示。

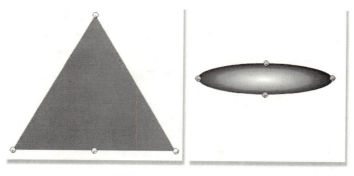

图 6.8　形状提示的设置

（5）测试动画，这时动画的渐变方向改变了，三角形沿垂直方向变化，三角形的两个底部的角变成椭圆的两端，而三角形的顶点融合进椭圆的上边，如图 6.9 所示。

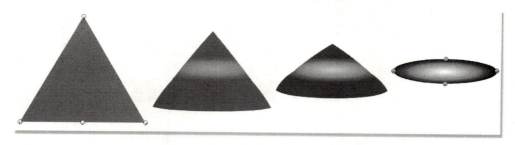

图 6.9　加入形状提示后的补间形状

6.4 各种形状的补间形状动画制作实例

补间形状动画技术常用于线条、几何图形的延伸、扩展、变形以及颜色的渐变等场合。运用得当，可以制作出独特的动画效果。下面我们通过制作直线、曲线、几何形状的补间形状动画，掌握基本的制作技巧。

【例 6-3】 制作一笔画动画。

知识点：制作直线的补间形状、曲线的补间形状动画。

关于一笔画的常识：

（1）连通图：指一个图形各部分总是有边相连的图。

（2）奇、偶点：与奇数（单数）条边相连的点叫作奇点；与偶数（双数）条边相连的点叫作偶点。

（3）一笔画规律：凡是由偶点组成的连通图，一定可以一笔画成。画时可以把任一偶点作为起点，最后一定能以这个点为终点画完此图。

制作步骤：

（1）新建一个文件，添加 11 个新图层，加上原来的图层 1，共有 12 个图层，分别将各图层命名为（从下到上）：text、pic、line1、line2、line3、line4、line5、line6、line7、rule、action。

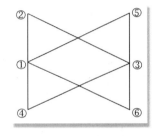

图 6.10 一笔画底图

（2）在 text 图层第 1 帧的舞台上，输入文字"一笔画"，在第 15 帧插入空白关键帧，在舞台的下方输入文字"这幅画是否能一笔画出来？"。

（3）在 pic 图层第 15 帧插入关键帧，将库中的一笔画图片从库中拖到第 15 帧的舞台上。

（4）假如我们为这幅一笔画标上数字序号，如图 6.10 所示，画的顺序应为①→②→③→④→①→⑤→⑥→①。

选中 line1 图层，在 45 帧插入关键帧，在舞台上用直线工具拉出一条直线，覆盖住 pic 图层上的一笔画中的①→②的线段，在属性面板将笔触尺寸设置为"4"（即线段的粗细，应大于下面的一笔画线段），在第 50 帧插入关键帧，将第 45 帧上的直线只保留端点①附近的一小段线段，其余的线段用橡皮擦擦除。在第 45 帧处设置补间形状。

（5）重复步骤（4），按照绘制顺序将其他 6 条线分布到 line2～line7 的图层上，后面的笔画开始的帧比前面的笔画的帧后移 5 帧，即其开始的位置与上一笔画的最后位置对齐，并用同样的方法将第 2 笔至最末笔都设置为补间形状，如图 6.11 所示。

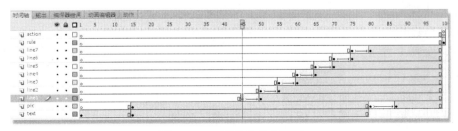

图 6.11 一笔画的各个图层

（6）在 pic 图层的第 80 帧，即相对于最后笔画结束的位置，插入空白关键帧，在该帧的舞台上画一个笑脸。在 87 帧插入关键帧，将第 80 帧的笑脸中的眼睛和嘴的两端擦除，只剩下一个小点，在第 80 帧设置补间形状。

（7）在 rule 图层的第 100 帧插入关键帧，在该帧舞台上输入一笔画规则文字，在 action 图层第 100 帧插入关键帧，打开【动作】面板，输入命令"stop();"。

（8）补齐其他图层的帧。在 text 图层的第 79 帧，即末笔画结束之前的位置，插入普通帧。在 line1～line7 各图层的第 99 帧插入普通帧。在 pic 图层的第 99 帧插入普通帧。

（9）保存文件，测试文件。

【例 6-4】 绘制一个会生长的花。

知识点：制作曲线的补间形状动画。

制作步骤：

（1）新建一个文件，导入一幅花的图片，将图片相对于舞台左上角对齐，单击【修改】→【文档】菜单项，单击【与内容匹配】按钮，将文档尺寸调整为图片尺寸的大小。因为有 5 根花茎、2 朵花、1 个花瓶，每个花茎和花朵放置在各自的一个图层中，所以在含图片的图层上方新建 8 个图层，在每一图层上，用铅笔分别描绘出花茎、花朵，并绘制出一个花瓶，如图 6.12 所示。

图 6.12　花原始图

（2）为了使曲线的补间形状变化更圆滑，所以将每条曲线的补间形状设置为多段，即由多个关键帧完成补间形状的变化。

锁定放置位图的图层。选中一根含有花茎的图层，每隔 5 帧插入一个关键帧，共插入 4～6 个关键帧（取决于花茎的长短和曲线的弯曲程度），将第 1 个关键帧上的花茎用橡皮工具擦去大部分，只剩下起始端的一个点，将第 2 个关键帧上的花茎留得稍长些，将其余的部分擦去，依次将其他各关键帧上的花茎渐渐留长，直到最后一个关键帧上的花茎保留最完整的花茎。

将各关键帧之间设置"补间"为"形状"，拖动播放头，可以看到花茎渐渐生长的动画。用同样的方法设置其他花茎的生长动画。

（3）选中放置花朵的图层，在第 5 帧处添加关键帧，将第 1 帧的花调整为稍小些，在第 1 帧设置形状渐变，然后将全部帧拖到相对应的花茎末端所在的帧后（因为花应该在花茎出现之后出现）。

（4）最后在相对于最长图层的最后位置，补齐所有其他层上的普通帧，使所有帧的最后帧对齐，如图 6.13 所示。

（5）在所有图层的上方添加图层"action"，在最后一帧插入关键帧，选中最后一帧，打开【动作】面板，写入命令"stop();"。

（6）删除放有图片的图层，保存文件，发布、测试。一个生长的花的动画就做成了。

第6章 Flash CS6补间形状动画技术 | 87

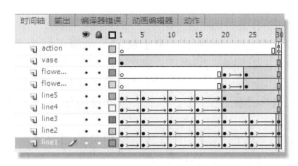

图6.13 花的各图层

小技巧：用曲线制作补间形状时，应该将弧度较小的一段弧线作为一个补间形状动画，即在弧线即将发生较大变化处分割弧线，这样可以保证补间形状更加圆滑自然。

思考：在制作花的动画中，可否用形状提示控制曲线的补间？效果与本例结果是否相同？试一试。

【例6-5】 绘制一个彩色的圆。

知识点：制作几何形状的补间形状动画，分割形状，使用变形面板，使用形状提示点。

制作步骤：

（1）新建文件。

绘制一个尺寸为400像素×400像素的正方形，在图层1的第1帧舞台上画一个正圆，用对齐面板将其调整至舞台中心。

（2）分割圆形。

锁定图层1，在图层1的上面添加一个图层，用直线工具画出一条大于正圆直径的水平直线，并将其与舞台水平、垂直居中对齐。

用变形面板复制出3条相隔45°的直线。方法是：打开【变形】面板，将旋转项后面的输入框中输入"45"，如图6.14所示。然后按下方的【重制选区和变形】按钮，共按3次，则生成3条相隔角度为45°的直线，然后将所有直线粘贴到图层1的圆上，将圆形分割为8个扇形。方法是：选中图层2，按【编辑】→【复制】，然后隐藏图层1，选中图层2，再按【编辑】→【粘贴到当前位置】，最后删除图层1。

（3）涂色。

将8个扇形的颜色改变为互相交替的两种颜色：浅黄色和深黄色，如图6.15所示。

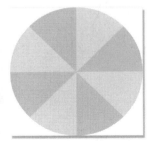

图6.14 复制直线　　　　　　　图6.15 交替的两种颜色

(4)将扇形分布到各图层。

在现有图层的上面,添加 8 个图层,用于放置 8 个扇形,命名为:扇形 1、扇形 2、扇形 3、扇形 4、扇形 5、扇形 6、扇形 7、扇形 8。扇形 1~扇形 8 的命名是依据顺时针方向而定的。选中第 1 个扇形,将其复制、粘贴到扇形 1 图层第 1 个帧的当前位置,将第 2 个扇形复制、粘贴到扇形 2 图层的第 1 帧上,按同样方法,将其他扇形依次复制、粘贴到其他图层。

要注意的是,复制、粘贴扇形时,应将其他不相关的图层锁定并隐藏,以免破坏了其上的内容。根据需要再解锁或解除隐藏。

(5)删除图层 1 和图层 2。

(6)设置渐变。

选中扇形 1 图层,在第 5 帧插入关键帧。将第 1 帧上的扇形删除大部分,只留下起始的狭窄扇形。方法是:在第 1 帧上,用直线工具,从圆心开始画一条直线,然后在第 5 帧处按 F6 键插入关键帧,如图 6.16 所示的左图。

删除第 1 帧图中右边的形状和直线,剩下左边的窄图。对第 5 帧上的扇形,删除作为分割工具的直线。

然后在第 1 帧创建补间形状,第 1 帧的小扇形通过补间形状就在第 5 帧变成了大扇形,如图 6.16 所示的右图。

图 6.16 分割扇形及扇形的变化

(7)添加形状提示点。

设置了补间形状的动画很可能是不规则的渐变,例如,如图 6.17 所示,中间渐变帧上的图形是不规则图形,只有通过提示点才能使形状始终按扇形渐变。

选中扇形 1 图层的第 1 帧,依次添加 3 个提示点,按照顺时针方向的顺序分别放置在扇形的 3 个角上,如图 6.18 所示。

 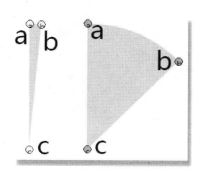

图 6.17 不规则补间   图 6.18 添加提示点

用同样的方法，将其他扇形再次分割、设置补间形状、设置提示点。将扇形2图层的所有帧向后移动5帧，使其从第6帧开始；将扇形3图层的所有帧向后移动10帧，使其从第11帧开始。用同样的方法，将其他图层依次向后拖动5帧的倍数。然后将各图层后面补齐普通帧，如图6.19所示。最后效果如图6.20所示。

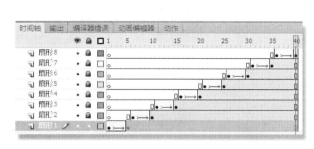

图6.19 彩图的图层

图6.20 渐变的彩色圆

补充：我们既可以添加，也可以删除提示点。右击补间形状的第1个关键帧的提示点，在弹出的菜单中可以选择"删除提示点"，则可以添加、删除当前选中的提示点，或可以删除全部提示点。也可以选择【修改】→【形状】→【删除全部提示点】菜单项，将所有提示点删除。

提醒：当将含有提示点的动画文件的帧复制到另一个文件（或影片剪辑元件中）时，提示点的位置会变动，要在新文件（或影片剪辑元件）中再次定位提示点。

【例6-6】 制作Flash贺卡：四季的祝福。

颜色应用在补间形状动画中，可以使颜色变化和谐、柔和。本例中，四季颜色的交替运用补间形状处理，使得颜色变化得很柔和、协调，产生美感。

知识点：制作补间形状动画，调整形状的颜色透明度，调整渐变色填充方向。

制作步骤：

（1）准备背景形状。

在图层1的舞台上画一个与舞台尺寸相同大小、无笔触颜色、填充色为黑白线性渐变色的矩形。

（2）为春天场景更换渐变色。

春天是充满生机的绿色，我们选择绿白线性渐变色作为春天的背景色，所以要将黑白渐变色调整为绿白渐变色。在混色器的渐变色编辑栏中，单击右边黑色颜料桶，在渐变色编辑栏上边的颜色输入框中输入"#A9FE25"，将颜色改为白色—绿色线性渐变，用颜料桶在舞台上单击一下，将形状重新填色。这时填充后的颜色是从左向右、由白向绿渐变的。

选中颜料桶，在舞台上，从下向上拖曳鼠标，将渐变色从下向上重新填色，如图6.21所示。重新填色后的渐变色为下白上绿。

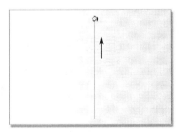

图6.21 重新调整颜色渐变方向

（3）为夏、秋、冬天调整背景颜色。

夏天的颜色是火热的橘红色，秋天的颜色是丰收的黄色，冬天的颜色是干净的蓝白色。

① 在第 20 帧和 35 帧处插入关键帧。将第 35 帧上的矩形填充白色—橘红线性渐变，橘红颜色值为#FF6600。用步骤（2）同样的方法，将渐变色调整为从下向上、由白向橘红色渐变。

② 在第 50 帧和 65 帧处插入关键帧。将第 65 帧上的矩形填充白色—橘黄线性渐变，橘黄颜色值为#FF9900。将渐变色调整为从下向上、由白向橘黄色渐变。

③ 在第 80 帧和 95 帧处插入关键帧。将第 95 帧上的矩形填充白色—蓝色线性渐变，蓝色颜色值为#99CCFF。这次改变渐变色方向，用颜料桶在舞台上从上向下拖动，将渐变色调整为从上向下、由白向蓝色渐变。

（4）设置补间。

在代表季节的颜色变化的转场处用补间形状实现。

在第 20、50、80 关键帧处设置补间形状，共有 3 个补间形状动画，在 4 个颜色之间变化，表示了 4 个季度的交替、变更。将图层 1 命名为"back"。关键帧的设置如图 6.22 所示。

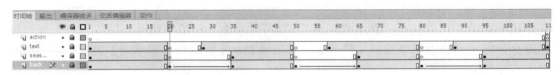

图 6.22　关键帧的设置

（5）添加图案和文字。

添加一个新图层，命名为"seasons"。为四季添加标志图案。在第 1～19 帧画一束花；在 35～49 帧画几条柳枝；在 65～79 帧画几片落叶；在 95～110 帧画几朵飘舞的雪花和雪人。

添加一个图层，命名为"text"，添加文字。在第 1～19 帧输入文字"喜庆的春节在春天"；在 28～49 帧输入文字"欢乐的端午节在夏天"；在 58～79 帧输入文字"丰富的中秋节在秋天"；在 88～110 帧输入文字"浪漫的圣诞节在冬天"。最后 1 帧 110 帧输入文字"送你四季的祝福"。

"四季的祝福"贺卡的效果如图 6.23 所示。

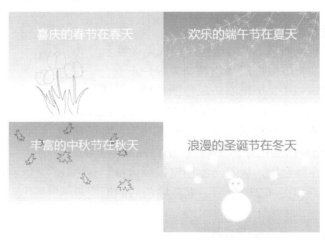

图 6.23　"四季的祝福"贺卡的效果

(6) 在动画的末尾添加停止语句。

在所有图层的上方添加新图层"action",在最后一帧插入关键帧,选中该关键帧,输入命令"stop();"。保存文件,发布作品,测试、观看效果。

【例 6-7】 恐龙变海豚。

知识点:设置形状提示,制作任意形状的补间形状动画。

制作步骤:

(1) 准备。

新建文件,导入两张图片。本例中将两张动物图片(恐龙和海豚)导入到库。根据图片尺寸将文档尺寸设定为 400 像素×420 像素。

(2) 拖入图片。

将海豚图片拖到舞台第 1 帧,并调整到舞台的居中位置。在第 15 帧插入空白关键帧,将恐龙图片拖到舞台居中位置。

(3) 处理位图。

选中第 1 帧上的海豚图片,按 Ctrl+B 组合键,将图片分离为形状。用第 3 章【例 3-5】的抠图方法,将位图背景去掉,选中海豚,用颜料桶将海豚填充为"#ADC7E7",或其他浅蓝色。参照原来的位图,画出眼睛,将眼睛填充为黑色,然后删除眼睛,使眼睛成为镂空状。

用同样的方法将第 15 帧的恐龙图片处理成形状,颜色选为"#8C5921",或其他棕色。同样将恐龙的眼睛设置为镂空状。

(4) 设置补间形状及渐变提示。

选中第 1 帧,单击【修改】→【形状】→【添加形状提示】菜单项,将第 1 个形状提示移动到海豚的嘴部;再选第 15 帧,将形状提示移动到恐龙的嘴部,并确认海豚的形状提示变成了黄色、恐龙的形状提示变成了绿色。

再次选中第 1 帧,添加形状提示,将第 2 个形状提示移动到海豚的额头;再选第 15 帧,将第 2 个形状提示移动到恐龙的额头。

依次按照顺时针方向添加形状提示,并调整到正确位置,如图 6.24 所示。

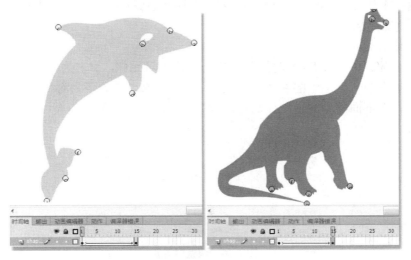

图 6.24 第 1 个补间形状中形状提示的设置

小技巧：对一个单一形状进行补间设置通常可以获得最佳效果，正如本例中所用的图形。如果图形过于复杂、颜色过多，往往很难取得理想效果。

【例6-8】 制作翻页效果。
知识点：制作补间形状动画，设置缓动、渐变色、注册点，使用任意变形工具。
制作步骤：
（1）准备文档尺寸。
新建文件的文档尺寸设定为1000像素×800像素。
（2）设定书页的颜色。
模仿翻开的书中间部分颜色稍暗的效果。
在颜色面板调整颜色，将笔触颜色设为"#CECFCE"，填充颜色选择黑白线性渐变色，在渐变色编辑栏上将右边颜料桶的颜色改为"#CCCCCC"，在渐变色编辑栏的左边1/3处单击一下，添加一个颜料桶，大概颜色值为"#EFEFEF"的地方，然后将这个颜料桶向右边拖动直到靠近右边1/3的位置，使灰色集中在右边，如图6.25所示。

 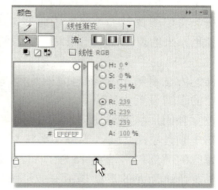

图6.25 调整渐变色

颜色调整好后，选择矩形工具，将属性面板上的笔触尺寸调为最小（0.25像素），在舞台上拉出一个矩形。将矩形全部选中，然后在属性面板将矩形的宽和高调整为400像素×400像素，这即是翻开的左边书页。
（3）制作书页。
将矩形全部选中，按F8键将矩形转换为影片剪辑元件，命名为"leftPageCover"。在转换时点击对齐的9方格中的右边中心点，使影片剪辑以右边作为对称轴对齐，如图6.26所示。这样，在下面的步骤中制作翻页动画时，页面转动的基准为靠近页面阴影的边线。

图6.26 调整对齐点

（4）复制右书页。

打开库，右击库中的元件【leftPageCover】，在弹出的菜单中选择【直接复制】，然后将新元件名改为"rightPageCover"。

（5）制作对开的书页。

现在 left Page Cover 在舞台上，将其调整到舞台的左边。将库中的 rightPageCover 拖到舞台上，放在 leftPageCover 的右边，将 rightPageCover 的左边框与 leftPageCover 的右边框相距 2 像素的位置，上下边对齐。

单击【rightPageCover】元件，然后单击【修改】→【变形】→【水平翻转】菜单项。再将两个元件全部选中，按 F8 键将两个元件一起转换为"cover"影片剪辑元件。注意转换时将注册点调整到中心位置，如图 6.27 所示。

图 6.27　对开的左右页

（6）添加中心线条。

为了得到逼真效果，在书页中间添加一条灰色粗线条。双击【cover】元件，进入其编辑窗口，插入一个图层，将其拖到含有书页元件的图层下面。在新图层上画一个宽度为 20 像素、高度为 400 像素的细高矩形，再用选择工具（黑箭头工具）将上边和下边调整为弧线，效果如图 6.28 所示。

（7）制作厚度效果。

① 在 cover 元件的编辑窗口，选中舞台上的两个元件，将其组合成组。组合成组的好处是，舞台上的元素成为一体，调整坐标值或调整尺寸都会很方便。查看组合后的元件，宽度大概为 805 像素。

② 插入两个图层，将图层 1 上的关键帧复制到新插入的两个图层的关键帧上。锁定并隐藏最上面和最下面的两个图层，选中中间图层上的元件，用属性面板将组合的宽度调整为 810 像素，比原来的组合增加 5 像素。再重新调整组合元件的位置，使其与舞台居中对齐。

③ 解锁最下面的图层，锁定中间图层和上面的图层，将最下面图层上的组合宽度调整为 815 像素，并将组合调整在舞台中心，效果如图 6.29 所示，下面图层的书页比上面图层的稍宽。

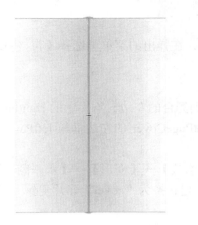 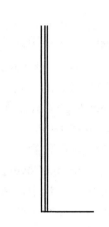

图 6.28 书页中间的阴影　　　　　　　　　图 6.29 左页边

(8) 制作翻页效果 1。

① 回到场景 1，在主时间轴的舞台上，将含有 cover 元件的图层改名为"固定页"，在第 20 帧处插入普通帧，锁定固定页图层。

② 插入新图层，命名为"翻动的页"。下面的操作均在新建的图层上完成。将 rightPageCover 元件拖到该图层的舞台上，将元件的坐标值与下面的右边页对齐。

③ 将元件分解为形状，删除元件的笔触颜色，只保留渐变填充色的形状。在第 5 帧、9 帧、10 帧、15 帧和 20 帧处按下 F6 键，插入关键帧。

④ 选中第 5 帧，选择工具面板上的任意变形工具，将舞台上的形状垂直方向错切、水平方向压缩，如图 6.30（a）所示。

⑤ 选择黑箭头工具，将上下边调整为弧线，如图 6.30（b）所示。仍用黑箭头工具再调整上下页角、如图 6.30（c）、（d）所示。

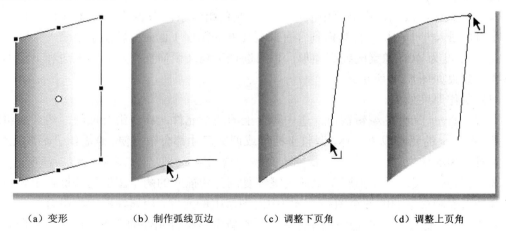

(a) 变形　　　　(b) 制作弧线页边　　　　(c) 调整下页角　　　　(d) 调整上页角

图 6.30　制作翻页效果

(9) 制作翻页效果 2。

选中第 9 帧，用步骤（8）同样的方法将舞台上的形状变形，不同的是这个帧上的页面是翻到中心位置的页面，所以页面更窄，如图 6.31 所示。

第6章　Flash CS6补间形状动画技术　95

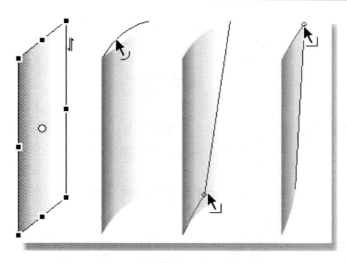

图 6.31　制作第 2 个翻页效果

（10）复制翻页。

① 复制第 9 关键帧，将其粘贴到第 10 关键帧，或选中第 9 帧上的形状，将其粘贴到第 10 帧的舞台上的当前位置。

② 选中第 10 帧上的形状，单击【修改】→【变形】→【水平翻转】菜单项，然后调整形状的右边与下面图层左页的右边对齐。

③ 用同样的方法将第 5 帧上的形状复制到第 15 帧，并调整形状到合适的位置。

④ 将第 20 帧上的形状水平翻转，然后将其位置调整到合适位置。

各帧上最终结果是：第 1 帧和第 20 帧上的形状是对称的；第 5 帧和第 15 帧的形状是对称的；第 9 帧和第 10 帧上的形状是对称的。

（11）设置补间形状。

在各关键帧之间设置补间为形状，测试影片，效果如图 6.32 所示。

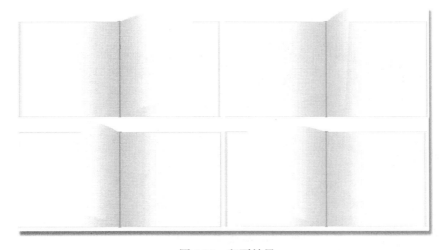

图 6.32　翻页效果

实训 6

1. 模仿【例 6-3】一笔画实例,制作展开的菜单,如图 6.33 所示。
2. 模仿【例 6-7】,利用两张动物图片,借助形状提示,制作两个动物互相转变的动画。
3. 模仿【例 6-3】一笔画实例,一笔画五星动画,如图 6.34 所示。

图 6.33　展开的菜单　　　　　图 6.34　一笔画五星

第 7 章
Flash CS6 补间动画技术

Flash Professional CS6 的补间动画与早期的补间动画有很大的不同。Flash Professional CS3 以前的补间动画就是由用户创建包含元件的首帧和末帧关键帧，然后由 Flash 自动生成中间的过渡帧，生成动画。补间用来产生尺寸、形状、颜色、位置和旋转上的变化。这些特性正是 Flash Professional CS6 的传统补间动画的特性。自从 Flash CS4 版本开始，因为新增加了补间动画类型，早期的运动补间就被称作传统补间，而新增加的补间动画，被称作补间动画。补间动画比传统补间功能更丰富，操作更灵活，表现力更强。本章先从学习传统补间开始，进而学习更先进、更灵活丰富的补间动画。

7.1 传统补间动画技术

7.1.1 传统补间的概念

从第 6 章我们知道了术语"补间"（tween）的含义，就是补足区间（in between）的简称。在第 6 章我们学习了补间形状技术，对补间有了初步了解。本章我们学习另一种补间技术——传统补间。

所谓传统补间，就是由用户创建包含元件的首帧和末帧关键帧，然后由 Flash 自动生成中间的过渡帧，生成动画。补间（渐变）用来产生尺寸、形状、颜色、位置和旋转上的变化。和补间形状不同的是，参与传统补间的元素不是形状，而是元件。

和第 5 章逐帧动画相比，由于无须绘制（或准备）每一个关键帧上的画面，所以制作传统补间大大减少了工作量。又由于过渡帧是由计算机计算出来的，Flash 只要存储开始和结束帧的图像，以及它们之间变化部分的值，所以传统补间的尺寸比逐帧动画小得多。传统补间与逐帧动画相比，工作量大大减少，文件尺寸大大减小。从下面的实例中，体会一下传统补间的优点。

【例 7-1】 制作"翻动的纸牌"传统补间。

知识点：打开外部库（作为库打开），制作传统补间。

在第 5 章【例 5-2】中，我们知道文件 ace.gif 是由一系列图片组成的 gif 动画文件。

利用这个文件我们可以制作逐帧动画。今天我们还是用这个文件制作传统补间动画文件，看看两种动画有什么不同。

（1）新建一个文件，尺寸为 88 像素×110 像素。

（2）获取 Ace 的首帧和末帧图像。

在制作传统补间的过程中，我们只需要首帧和末帧的图像。单击【文件】→【导入】→【打开外部库】菜单项，在"作为库打开"的对话框中，将第 5 章【例 5-2】中建立的"ace_framebyframe.fla"动画文件导入，这时会看到该文件的库被打开，如图 7.1 所示。将"ace_framebyframe.fla"库中的第 1 幅位图"ace1.gif"（或 ACE.GIF，即扑克牌的背面）拖入到当前的舞台上，相对于舞台水平、垂直居中对齐。右击时间轴的第 11 帧处，再单击弹出的菜单上的"插入空白关键帧"，则在第 11 帧处新插入了一个空白关键帧。将"ace_framebyframe.fla"库中的最后一幅位图 ace20.gif（或位图 20.gif，即扑克牌红桃 A 正面）拖入到当前第 11 帧的舞台上。分别将两张图片都调整到舞台中心位置。

（3）转换为元件。分别将第 1 帧和第 11 帧的图形转换为两个图形元件。

图 7.1　打开外部库

（4）将图片变形。

在时间轴上的第 10 帧处按 F6 键插入关键帧，在第 20 帧处也按 F6 键插入关键帧。

图 7.2　图像变形

选中第 10 帧处的图形（即扑克牌背面），打开变形面板，取消约束选项，将图形的宽度改为 1%，高度不变，如图 7.2 所示。用同样的方法将第 11 帧处的图形（即红桃 A 面）的宽度改为 1%，高度不变。在第 10、11 帧处，扑克牌背面向红桃 A 正面切换。

（5）右击第 1~9 帧中的任何一帧，在弹出的快捷菜单中选"创建传统补间动画"；右击第 11~19 帧中的任何一帧，在弹出的快捷菜单中选"创建传统补间"。

将文件命名为"ace_motion.fla"。拖动播放头，可以看到动画。动画中播放头所处位置图形的变化如图 7.3 所示。

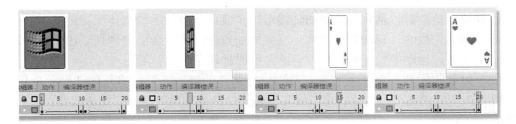

图 7.3　动画中播放头所处位置图形的变化

刚刚创建的传统补间动画效果和第 5 章的逐帧动画"ace_framebyframe.fla"是一样的。逐帧动画中要放置 20 张图片,而传统补间只要 2 张,如果每个帧上的图像都要绘制的话,可想而知,制作传统补间的动画工作量比制作逐帧动画要小很多。

再看看文件尺寸,逐帧动画"ace_framebyframe.swf"的尺寸为 18K,而传统补间动画"ace_motion.swf"的尺寸只有 3K,动画文件尺寸大大减小,这也意味着在网上播放时传统补间会更快。

传统补间动画的优点显而易见。

7.1.2　传统补间 1——直线运动

创建传统补间只要创建起始和末尾关键帧,设置好组合体、实例或文字的相应属性,以及传统补间属性即可,中间的过渡帧由 Flash CS6 自动生成。

常用的传统补间的属性如下。

(1) 缓动:即动画的运动加/减速度。如果要设置运动速度为加速度,则应将缓动设置为-1~-110 之间的数;如果要动画开始运动很快,然后变慢,则应设置缓动参数为 1~100 之间的数;如果让动画运动速度保持恒定,则选择 0。单击缓动后面的笔形按钮还可以编辑缓动,设置效果更明显的加/减速度。缓动的设置如图 7.4 所示,左图是缓动设置为 100 时的图像;右图是缓动曲线调整为更陡的图像,其减速度效果更明显。

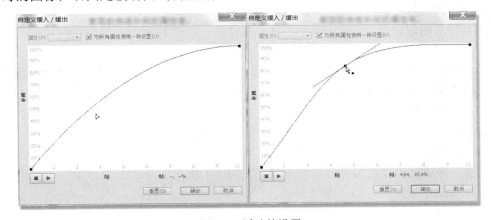

图 7.4　缓动的设置

小技巧:初学 Flash 时,经常记不住缓动的正负值的意思,下面的小诀窍可以帮助你记忆:

缓动值为负数时，意味着运动物体慢慢减少负荷，所以运动物体呈加速度运行；

缓动值为正数时，意味着运动物体慢慢增加负荷，所以运动物体呈减速度运行。

（2）旋转：运动中元件的旋转方向，是逆时针还是顺时针等。

（3）对开始帧和结束帧上的元件可以进行属性的修改。可以将其移动到一个新的位置；可以改变它的高度和宽度；可以将其旋转一个角度；可以改变它的透明度；甚至可以改变它的颜色值。

【例 7-2】 将第 6 章一笔画动画添加铅笔的动作。

知识点：补间动画设置。

制作步骤：

（1）添加新图层。

打开第 6 章的实例"一笔画"动画文件，单击 line7 图层，添加一个新图层，命名为"pencil"。

（2）画一支铅笔。

用矩形工具画一个长矩形，填充色选线性渐变色，即生成了铅笔杆。然后在铅笔杆的一端的两点处用直线工具分别拉出两条直线相交于一点，填充色选择另一种线性渐变色，即生成了铅笔尖。将整支铅笔转换为图形元件，命名为"pencil"。

（3）制作铅笔绘画效果。

回到场景 1，在 pencil 图层的第 45 帧插入关键帧，将 pencil 图形元件拖入到第 45 帧的舞台上，用任意变形工具将铅笔调整成合适角度。

在 pencil 图层上从第 45 帧开始每隔 5 帧插入一个关键帧，在每个关键帧处将铅笔移动到相应的一笔画中的当前线段结束的位置，在各关键帧之间设置运动渐变，如图 7.5 所示。

【例 7-3】 制作百叶窗动画。

知识点：调整舞台上对象的坐标值，元件分散到图层，传统补间设置，粘贴到当前位置，调整渐变色填充方向。

制作步骤：

（1）导入图像。

在 Flash CS6 中新建一文件，将图层 1 改名为"back"。将一张风景图片导入到舞台，打开【对齐】面板，将图片相对于舞台左边、上边对齐，然后单击【修改】→【文档】，打开文档【属性】对话框，选择和内容匹配。本例中的图片尺寸为"600×450"，所以文档尺寸也是"600×450"。

（2）制作百叶窗叶。

单击时间轴下方的【插入图层】按钮，新建一个图层。选择矩形工具，将笔触颜色设置为无色，将填充色设置为黑白线性渐变，在新建的图层的舞台上画一个"600×30"的扁矩形，并将矩形与舞台上边、左边对齐。

（3）调整线性渐变色。

选中这个矩形，在颜色面板的渐变色编辑栏的中部单击一下，添加一个颜料桶，然后双击这个颜料桶，弹出调色板，选择浅灰色（#CCCCCC），如图 7.6 所示。用同样的方法将右边的颜料桶的颜色调整为白色（#FFFFFF）。

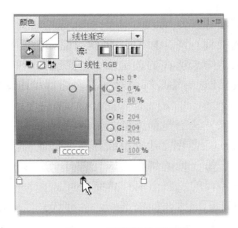

图 7.5　铅笔作画　　　　　　图 7.6　调整线性渐变色

默认的线性填充方向为左右渐变。在这个例子中我们需要上下渐变。选择颜料桶工具，从扁矩形的上部开始向下拖动，将渐变色改为从上向下渐变。

（4）复制百叶窗叶。

选中扁矩形，按 F8 键将其转换为元件。接下来，我们将百叶窗叶铺满舞台。

方法一：

单击时间轴右方的舞台尺寸下拉菜单，将舞台的尺寸调整为 100%，如图 7.7 所示。

选中扁矩形，单击【复制】→【粘贴到当前位置】，或按 Ctrl+C 组合键，然后按 Ctrl+Shift+V 组合键，扁矩形被复制到当前位置，然后按 Shift+↓三次，新复制的矩形向下移动了 30 像素。因为矩形的高度是 30 像素，所以两个矩形正好处于相连接的位置。

选中刚复制的矩形，再次将其复制到当前位置，再向下移动 30 像素。用同样的方法，共复制出 14 个，加上原来的共 15 个扁矩形覆盖整个舞台。

小窍门：选中舞台上的对象后，按↓、↓、←、→方向键，会将对象向上、下、左、右方向移动一个像素的位置，那么同时按下 Shift 键，及按 Shift+↑（或↓、←、→）键，则会向上（或下、左、右）移动 10 像素的位置。

图 7.7　调整舞台窗口大小

方法二：

选中扁矩形，单击【复制】→【粘贴到当前位置】，或按 Ctrl+C 组合键，然后按 Ctrl+Shift+V 组合键，扁矩形被复制到当前位置。

选中新复制的矩形，打开【属性】面板，在 X 和 Y 后面的输入框中分别输入"0"和"30"，将选中矩形的坐标调整到第一个矩形的相邻的下方。

选中第二个矩形，用同样的方法复制、粘贴、调整位置，不同的是，新复制的第三个矩形的坐标值为"0"、"60"。

用同样方法将百叶窗叶铺满舞台。

因为舞台的高度为 450 像素，每个百叶窗叶的高度为"30"，所以舞台上应该有 15 个百叶窗叶。

方法三：

选中扁矩形，按 Ctrl+C 组合键，然后按 14 次 Ctrl+V 组合键，则复制出 14 个矩形。

点击矩形所在的关键帧，全部选择所有矩形，然后打开【对齐】面板，单击【左对齐】（确定已经选中【与舞台对齐】），然后单击【垂直居中分布】，所有矩形就均匀地分布在舞台上了。

看来方法三是最方便、快速的。

（5）将百叶窗叶分散到各自图层。

由于每一帧的舞台上只允许有一个传统补间，所以我们要将各个元件分散到各自的图层，在各自的图层上制作传统补间。

单击矩形所在的关键帧，全部选择所有矩形，然后单击【修改】→【时间轴】→【分散到图层】，各个元件就被分散到各自的图层了。

（6）制作传统补间。

单击 back 图层上面图层的第 20 帧，再按 Shift 键，然后单击最上面图层的第 20 帧，这样就全部选中了除了 back 图层之外的所有图层的第 20 帧，这时按下 F6 键，则所有图层的第 20 帧都被创建了关键帧。用同样方法再选中各图层的第 40 帧，按 F6 键创建关键帧。

选中一个图层第 20 帧上的元件，调出变形面板，取消约束选项，将高度值调整为"2%"，宽度不变。

用同样的方法将各个图层第 20 帧上的元件的高度值都调整为"2%"，而宽度不变。

右击含有矩形图层的 1 到 19 帧，在弹出的菜单中单击【创建传统补间】，第 20～40 帧也用同样方法创建传统补间，如图 7.8 所示。

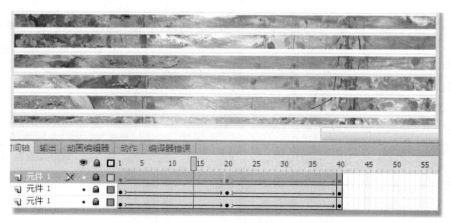

图 7.8　百叶窗的效果

7.1.3　传统补间 2——沿轨迹运动

传统补间中运动的物体可以自由运动，也可以沿轨迹运动。下面的例子介绍利用引导层控制物体的运动。

【例 7-4】　制作一个由远而近的盒子。

知识点：使用引导图层，制作沿曲线轨迹传统补间，设置补间缓动值，使用变形面板，使用洋葱皮功能。

制作步骤：

（1）制作盒子的面。

利用第 3 章【例 3-4】的方法制作一个盒子，将其转换为影片剪辑元件，命名为"盒子"。盒子所在图层也命名为"盒子"。

（2）制作引导层。

右击盒子图层，在弹出的菜单中，单击【添加传统运动引导层】，则新图层引导层出现在盒子图层的上方。选中引导层，在舞台上画一条曲线，这就是盒子运动时的轨迹。在引导层的第 30 帧插入普通帧，然后锁定引导层。

（3）将盒子锁定于引导层的运动轨迹上。

在盒子图层的第 30 帧添加关键帧，用变形面板将第 1 帧上的盒子缩小为 50%，将第 30 帧上的盒子放大为 150%。

拖动第一帧上的盒子到引导层上轨迹的左端点，使盒子中心的圆点与曲线端点重合，即锁定。

然后拖动第 20 帧上的盒子，使其中心点与引导层上轨迹的右端点对齐。

（4）设定补间参数。

右击第 29 帧以前的任一帧，设置传统补间，弹出属性面板，设置缓动为"100"（盒子从快到慢运动）。

单击时间轴下方的【绘图纸外观】（英文版称作洋葱皮，Onion-Skinning）可以同时显示舞台上多个连续帧上的对象，适合于查看运动中的物体变化情况。选中第 30 帧，单击【绘图纸外观】按钮。这时洋葱皮的显示范围只有几帧。将洋葱皮的开始和结束标志调整到第 1 帧和第 30 帧，可以看到盒子运动过程中的各帧状态，如图 7.9 所示。

引导层上的任何对象都不会显示在播放的文件中，所以运动轨迹在 Flash 最终播放的时候是看不到的。

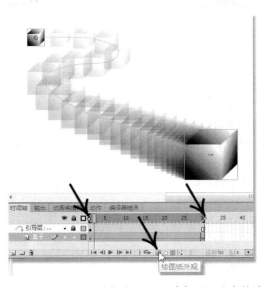

图 7.9　用绘图纸外观（洋葱皮）工具看盒子运动中的连续状态

7.1.4 复杂的传统补间——动画中的动画

在 Flash 的三种元件中，影片剪辑可以是一个动画。我们可以利用影片剪辑制作比较复杂的动画——动画中的动画。

【例 7-5】 制作太阳、地球和月亮相对运动的动画。

知识点：使用引导图层，制作沿曲线轨迹传统补间动画，制作嵌套动画。

制作步骤：

（1）新建文件。

背景色设为"#333333"。

（2）创建影片剪辑地球。

新建一个影片剪辑元件，命名为"earth"。在 earth 的编辑窗口，将当前图层命名为"earth"。在 earth 层的舞台上画一个球（地球），颜色为放射性渐变，使其相对于舞台水平、垂直居中对齐。在 earth 层的上面添加新图层"moon"，画一个小球，将小球转换为图形元件"moon"。

在 moon 层的上面添加引导层，画一个椭圆，使其环绕大球。将椭圆用橡皮擦工具擦去一小段，使椭圆断开，如图 7.10 所示的左图。

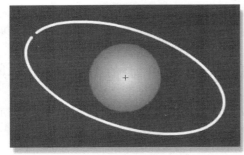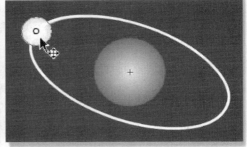

图 7.10 地球和月亮

锁定引导层，选中小球 moon，将其中心与椭圆的左端点（起点）对齐，如图 7.10 所示的右图。在 moon 层的第 10 帧插入关键帧，在 earth 层和引导层添加普通帧。选中第 10 帧处的 moon，拖动它的中心点与椭圆线段的终点对齐，使其锁定在终点。选中第 1 帧～第 9 帧中的一帧，设置传统补间。

Earth 影片剪辑就是一个完整的传统补间动画。

（3）创建地球绕太阳运转的补间动画。

回到场景 1，在图层 1 的第 1 帧画一个放射性渐变色的大球（太阳）。将当前层命名为"sun"，在 sun 层的上方新建一个图层"earth"，将 earth 从库中拖到 earth 层的舞台上。在 earth 层的上方添加一个引导层，画一个大椭圆。用同样的方法将椭圆擦出一个缺口，拖动 earth 元件与椭圆的起始点对齐。在 earth 层的第 80 帧插入关键帧；在 sun 层和引导层的第 80 帧插入普通帧。拖动第 80 层的 earth 元件的中心点与椭圆的终点对齐。设置 earth 层的传统补间。

(4)添加运动轨迹。

还记得吗？引导层上的运动轨迹不会显示在最终的播放文件中。为了显示地球和月亮运行状态，我们可以添加和引导层上相同的椭圆形曲线，将其显示在最终的播放文件中。

为地球添加运动轨迹：在场景1添加新图层，然后拖到所有层的下方，将引导层的椭圆复制、粘贴到新层的舞台上当前位置，将颜色设为灰色。

为月亮添加运动轨迹：双击【earth】进入影片剪辑编辑窗口，用同样方法将引导层上的椭圆复制到新添加的图层的舞台上。

(5)将文件命名、保存。

测试观看效果，如图 7.11 所示。

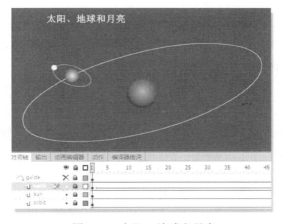

图 7.11　太阳、地球和月亮

这是一个运动动画嵌套运动动画的例子，掌握后可以运用其技巧制作出其他更多、更复杂的例子。

思考：可不可以在主场景的舞台上同时制作月亮绕地球旋转的动画和地球绕太阳旋转的动画？

7.2　补间动画技术

从 Flash CS4 版本开始增加的新的补间动画是值得我们花大力气去学习的，新的补间动画大大丰富了 Flash 的动画表现力，设计方式也更丰富。除此之外，Flash 还添加了 30 种动画预设，即常用的动画效果，我们可以拿来即用。下面我们开始了解补间动画的制作方法。

7.2.1　补间动画与传统补间的不同

(1)传统补间必须设置首尾关键帧，而补间动画不必设置尾部关键帧，一旦创建了补间动画，我们就可以通过随意拖动舞台上的对象而生成动画，Flash CS6 会自动生成关键帧。

(2)如果对文字创建传统补间，那么必须将文字转换为元件才行，而用文字创建补间动画的话，文字不必转换而直接使用即可。

（3）传统补间只可以调整有限的几个属性、参数，而补间动画则可以随意调整动画的运动路径、缓动、各种属性，甚至可以添加滤镜等特效。

（4）补间动画可以和 3D 工具结合制作 3D 动画效果，而传统补间没有这个功能。

7.2.2 简单的补间动画

【例 7-6】 制作文字动画。

知识点：创建补间动画，调整缓动。

制作步骤：

（1）新建文件，在舞台上输入文字"才华是刀刃，辛苦是磨刀石，再锋利的刀刃，日久不磨，也会生锈。"将文字拖到舞台外面。

（2）在时间轴上的第 24 帧插入普通帧。

（3）将播放头移动到第 24 帧，然后拖动舞台外面的文字到舞台中央，松开鼠标，时间轴上新生成了一个小菱形标志，表明 Flash 自动生成了一个关键帧。舞台上文字移动的轨迹由绿色线显示出来。

（4）打开【属性】面板，将缓动调整为"100"，可以看到文字动画轨迹在起始段变得稀松，在结束段变得紧密，如图 7.12 所示。

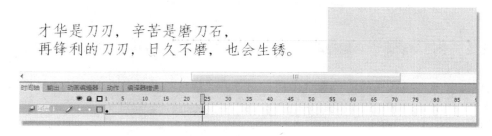

图 7.12　补间动画——调整缓动

（5）选中第 1 帧舞台上的文字，打开【属性】面板，将文字的颜色属性 Alpha 调整为"0"，即调整为透明。

按 Enter 键，观看动画效果。

（6）再次调整文字移动轨迹，将直线的轨迹拖成曲线，如图 7.13 所示，然后按 Enter 键，观看效果。

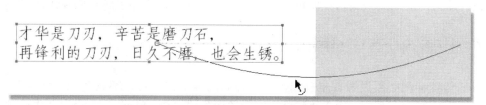

图 7.13　再次调整补间动画的缓动

7.2.3 具有 3D 效果的补间动画

【例 7-7】 制作 3D 效果的文字动画。
知识点：创建补间动画，调整缓动。
制作步骤：
（1）制作立体字。

选择字型为黑体，字号为最大号，颜色选桃红色，在舞台上输入"FLASH 乐园"，再新建一个图层，然后复制图层到新图层。将新图层上的文字改为黄色，和原文字错开一些，如图 7.14 所示。

（2）隐藏黄色文字的图层。选中红色文字，按 Ctrl+B 组合键两次，将红色文字分离成形状。选择笔触颜色为灰色，用墨水瓶工具在形状边缘点击，使其包裹上灰色边，如图 7.15 所示。

图 7.14　FLASH 乐园　　　　　　　　图 7.15　用墨水瓶描边

（3）红字描边后，将红字所在图层隐藏，再将黄色字图层解除隐藏，用同样方法为黄色字描边。黄色字的笔触颜色最好选另一种颜色，如紫色，以便与红色字的描边区分开。

（4）再次隐藏红色字所在图层，全部选中黄色字的描边，方法如下。

点击黄色字所在关键帧，将舞台上的字和描边全选中，然后按 Shift 键不抬起，不停地点击黄色字体，注意不要点击黑色描边，这样最终剩下了全部选中的描边而无黄色字体。

然后新建一个图层，将选中的黑色描边粘贴到新舞台的当前位置，如图 7.16 所示。

图 7.16　只剩描边

（5）用同样方法将红色字的描边粘贴到与黄色字描边所在的同一个舞台上。这时将黄色字和红色字的两个图层都隐藏或删除，只保留包含描边的图层。

选择直线工具，颜色选黑色，连接两个文字的边框，注意分清哪些线条是在前面，哪些线条应该隐藏在后面。然后删除隐藏在后面我们不应该看到的线段，如图 7.17 所示。

图 7.17 立体字

（6）为字的正面填充红色，侧面填充浅灰色，笔触改为比侧面的灰色稍深些的灰色，然后将其转换为影片剪辑元件，如图 7.18 所示。

图 7.18 立体字

（7）创建补间动画。

在立体字图层的第 20 帧处按 F5 键，右击【时间轴】，然后单击【创建补间动画】。

单击【3D 旋转工具】，舞台上出现圆环形状，将鼠标停留在中心轴线的右侧，向上/向下拖动鼠标则立体字开始转动。在第 1 帧将立体字调整到一种形状，再将第 20 帧的立体字调整成另一种形状。

（8）调整缓动。

打开【属性】面板，将缓动值改为"100"。按 Enter 键，观看效果。

7.2.4 动画预设

在过去的早期版本，很多常用的动作我们要自己制作。如今，Flash 将经常用到的动画设计制作好并放置于动画预设库中，当我们需要的时候直接应用就可以了。动画预设的出现，大大方便了我们的创作、工作。

Flash CS6 内置了 30 种动画预设，让我们方便地调用。单击【窗口】→【动画预设】就可以将动画预设库调出，选中一个就可以将其应用到舞台上的对象。

【例 7-8】 制作弹跳的球。

知识点：应用动画预设"中幅度跳跃"。

制作步骤：

（1）制作篮球。

新建一文件，文档尺寸为宽 600 像素、高 400 像素。

画一个无笔触颜色、填充色为放射状渐变色的圆形，渐变颜色值为#c86e2b 和#0e0703，均为棕色。用黑色笔触颜色在球体上画一条直线、两条弧线，一个球就制作完成了。

提示：弧线是由选择工具将直线拉成曲线的。详细方法请参见第 2 章【例 2-2】用直线绘制曲线的方法。

将球全部选中，将其转换为影片剪辑元件，命名为"篮球"。

（2）应用动画预设。

将篮球放置于舞台上"X：420，Y：240"的位置。选中舞台上的篮球，再单击【窗口】→【动画预设】，在动画预设库中，右击【中幅度跳跃】，再单击【在当前位置结束】，如图 7.19 所示。

图 7.19 在篮球上应用跳跃动画预设

因为我们将篮球放置于舞台左下方，是篮球动作的结束位置，所以选择该项。如果将篮球放置于右上方，则可以选择【在当前位置应用】选项。

最后将该图层改名为"跳跃"。

（3）为新动画做调整。

按 Ctrl+Enter 组合键查看动画效果。动画中篮球跳跃结束停在舞台，似乎动作还未完成，这就要我们补充剩下的动作。篮球慢慢滚动直到最终因阻力的原因而停止。

在当前图层上方添加新图层，命名为"滚动"，右击滚动图层上的第 76 帧（动画预设在第 75 帧结束），再在弹出的菜单中单击【插入空白关键帧】，然后选中跳跃图层最后帧舞台上的篮球，按 Ctrl+C 组合键将其复制，最后单击滚动图层上的空白关键帧，按 Ctrl+Shift+V 组合键，将篮球粘贴到舞台当前位置，与跳跃图层最后一帧舞台上的篮球的位置坐标是一样的。

（4）制作滚动的篮球。

锁定跳跃图层。选中滚动图层舞台上的篮球，单击【任意变形工具】，将对齐点调整到球心位置，如图 7.20 所示。选中滚动图层，在第 120 帧处按 F5 键，然后右击该图层，再单击【创建补间动画】。

图 7.20 调整齐点

为了更好地定位篮球的位置，调出标尺和辅助线。单击【视图】→【标尺】，再分别在横向标尺和纵向标尺上向下和向右拖出两条辅助线，分别位于篮球的下边和右边。

将红色播放头拖动到第 120 帧的位置，将舞台上的球移动到纵向辅助线的右边，使其左边和辅助线对齐。最后单击【修改】→【变形】→【顺时针旋转 90 度】，效果如图 7.21 所示。

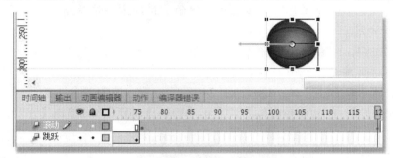

图 7.21 制作篮球滚动效果

球的滚动不是匀速的，应该是减速运动，所以制作的最后一步是将缓动调整为"减速度"。方法是：先单击黑箭头选择工具，再单击滚动图层上补间动画上的任一帧，然后打开【属性】面板，将缓动值由"0"改为"100"。按 Ctrl+Enter 组合键，观看效果。

如果不希望动画反复播放，可以添加新图层，将最后一帧转换为关键帧，然后打开动作窗口，输入"stop（）;"命令。

在下面的实例中，我们会了解更多的动画预设效果。

【例 7-9】 应用动画预设制作动画。

知识点：应用动画预设。

制作步骤：

（1）新建一文件。在舞台上输入"英雄战歌"。按两次 Ctrl+B 组合键，将文字分离两次，使文字变成形状，然后按 F8 键将文字转换为影片剪辑。

（2）单击【窗口】→【动画预设】，选择【3D 弹跳】，再单击【应用】。一个弹跳的动画就生成了。

（3）添加图层，将新图层上第 1 个关键帧向后拖动到下面图层的最后 1 帧的后面，选中舞台上的影片剪辑，再次单击【窗口】→【动画预设】，选另一个动画预设，然后单击【应用】。

（4）重复步骤（3），然后播放动画，体会各种动画预设的效果，如图 7.22 所示。

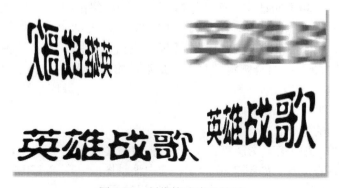

图 7.22 制作篮球滚动效果

实训 7

1. 利用【例 7-3】百叶窗的制作方法，制作一个纵向开闭的百叶窗动画。
2. 利用【例 7-5】中的方法制作图 7.23 的电子绕原子核运动的动画。

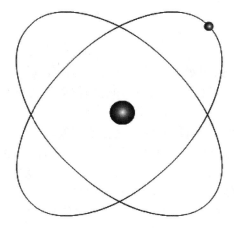

图 7.23　电子绕原子核运动

3. 制作一个摇荡的秋千动画，如图 7.24 所示。

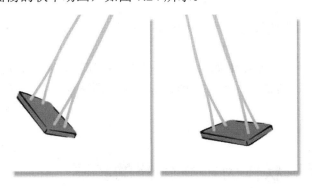

图 7.24　摇荡的秋千

第8章 Flash CS6 骨骼工具和反向运动（IK）

从 Flash Professional CS4 开始，新增的骨骼工具和反向运动（Inverse Kinematics，IK）可以说是制作角色动画的超强利器，使设计师们制作角色动画变得轻而易举，令设计师们兴奋不已。

反向运动（IK）是一种使用骨骼对对象进行动画处理的方式，这些骨骼按父子关系链接成线性或枝状的骨架。当一个骨骼移动时，与其连接的骨骼也发生相应的移动。父物体移动时，子物体会跟随着移动；子物体移动时，也会一定程度地对父物体产生相应的影响。

使用反向运动可以方便地创建自然运动。若要使用反向运动进行动画处理，只要在时间轴上指定骨骼的开始和结束位置。Flash 自动在起始帧和结束帧之间对骨架中骨骼的位置进行内插处理。

一个 IK 骨架由一个或若干个骨骼组成。每块骨骼的头部是圆的，尾巴是尖的。

我们可以通过如下两种方式使用 IK。

① 使用形状作为多块骨骼的容器。例如，我们可以向蛇的图画中添加骨骼，以使其逼真地爬行。

② 将元件实例链接起来。例如，我们可以将显示躯干、手臂、前臂和手的影片剪辑链接起来，以使其彼此协调而逼真地移动。每个实例都只有一个骨骼。

8.1 使用形状作为多块骨骼的容器

【例 8-1】 制作移动的蛇。

知识点：在形状上应用骨骼和 IK。

制作步骤：

（1）新建一个文件，在舞台上用铅笔画出一个蛇的图案，然后填充颜色。填充好颜色后删除描绘色。

（2）单击【骨骼工具】，如图 8.1 所示，在蛇头和身体连接部位单击并开始拖动一段距离，再抬起鼠标，这样就创建了根骨骼（root bone），也是父骨骼。不要移动鼠标位置，接着再点击、拖动，直到蛇的尾部，这样，整个蛇的身体就被添加了 IK 骨架，如图 8.2 所示。

第8章　Flash CS6骨骼工具和反向运动（IK）

图 8.1　骨骼工具

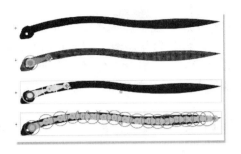

图 8.2　为蛇形图形添加 IK 骨架

当我们向舞台上的物体添加了骨骼时，Flash 会在时间轴为它们创建一个新图层。这个新图层称为姿势图层，图层名称之前有个人形标识。我们将新创建的姿势图层改名为"蛇"。

（3）在时间轴的第 50 帧的位置按 F5 键，则时间轴上直到 50 帧添加了绿色背景的普通帧。

（4）将红色播放头拖到第 5 帧的位置，单击蛇的尾部拖动蛇形到一个新的形状，如图 8.3 所示。

（5）再将红色播放头拖到第 15 帧的位置，单击蛇的尾部拖动蛇形到一个新的形状，如图 8.4 所示。

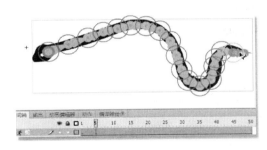
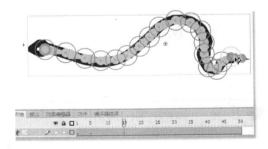

图 8.3　调整蛇的形状　　　　　　　　　图 8.4　再次调整蛇的形状

（6）用同样的方法在时间轴的适当帧的位置，调整蛇形，模拟蛇爬行的效果。最后按 Ctrl+Enter 组合键，查看动画效果。IK 骨骼使得动画中蛇的移动自然、流畅。

利用向形状添加 IK 骨骼，我们还可以制作动物的摇尾、人的行走、动物的奔跑等动画。

Flash 还提供了让观看者与动画互动的运行方式，这种有趣的动画播放方式是由 IK 骨架的【运行时】选项实现的。下面我们学习怎样制作这种动画。

【例 8-2】　制作可以操纵的蛇。

知识点：IK 骨架的【运行时】选项。

制作步骤：

（1）新建一个文件，将【例 8-1】中的蛇的形状复制到舞台。

（2）按照【例 8-1】中步骤②的方法为蛇添加 IK 骨架。

（3）将新生成的姿势图层改名为"蛇骨架"。单击蛇骨架图层，打开【属性】面板，在选项下的类型下拉列表中选择【运行时】。

提醒：选中舞台上的骨骼和选中姿势图层，其属性面板是不同的。双击舞台上的某个骨骼会全部选中骨骼，这时打开【属性】面板，其名称为"IK 形状"；而单击姿势图层，然后打开【属性】面板，其名称为"IK 骨架"。两种属性面板上的参数也不尽相同，请自行检查。

（4）单击【控制】→【测试影片】→【在 Flash Professional 中】，或直接按 Ctrl+Enter 键，测试影片。

在动画播放窗口，你可以随意拖动蛇的尾部或其他部位改变蛇的形态，和在舞台上拖动蛇的骨骼改变蛇的操作是一样的，如图 8.5 所示。

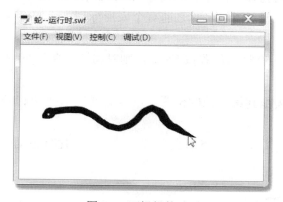

图 8.5　可操纵的动画

8.2　向元件添加 IK 骨架

另一种使用 IK 的方法是向元件添加 IK 骨骼。在下面的实例中，我们学习怎样使用这项技术。

【例 8-3】　制作骑车人。

知识点：在影片剪辑上，应用骨骼和 IK、约束、补间动画、补间形状。

制作步骤：

（1）分析。

打开【骑车男孩--未完成.fla】文件。在这个文件中，男孩的身体、手臂、自行车身、车轮都可以看作不动的，要添加动作的只有男孩的双腿、自行车脚蹬杆和链盒(中间转盘)，为了显示动感，也可以添加显示车轮链条转动的光晕效果。

自行车脚蹬杆的转动和链盒的转动可以用补间动画实现；自行车链条的光晕效果用传统补间实现，而男孩双腿的运动则要利用骨骼和 IK 系统实现。

（2）制作转动的脚蹬杆。

确认前脚蹬杆是位于向上垂直的位置，后脚蹬杆位于向下垂直位置。

隐藏除了"脚蹬杆-前"图层之外的所有图层，点击"脚蹬杆-前"图层舞台上的脚蹬杆，确认对齐点是位于下部中心位置，即相对于链盒中间转盘的中心位置。右击第 1 关键帧，单击【创建补间动画】，然后单击该图层的第 60 帧，按 F5 键。

将红色播放头放于第 5 帧，用变形工具将舞台上的脚蹬杆逆时针方向旋转 30°，即在变形工具面板的旋转参数值设置为"–30.0"。用同样方法，每隔 5 帧，将脚蹬杆逆时针方向再旋转 30°，即"–60.0"、"–90.0"等，直到最后的第 60 帧舞台上的脚蹬杆刚好旋转了 360°。如图 8.6 所示。

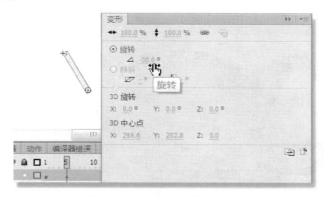

图 8.6　设置脚蹬杆的旋转角度

前脚蹬杆补间动画设置完毕后，用同样的方法将后面的脚蹬杆也设置成补间动画，每隔 5 帧脚蹬杆逆时针旋转 30°，直到第 60 帧时正好旋转 360°。与前脚蹬杆不同的是，后脚蹬杆的起始位置为–180°，在第 5 帧处脚蹬杆的旋转角度为–210°，在第 60 帧处的角度为–540°。拖动红色播放头可以看到补间动画的效果。

（3）向前面的腿添加 IK 骨架。

单击【骨骼工具】，从大腿根部开始拖动鼠标到膝盖处结束，然后再从膝盖处开始拖动鼠标到脚踝骨处结束，最后从脚踝骨处开始拖动到脚蹬处结束，如图 8.7 所示的左图。

图 8.7　添加 IK 骨架

（4）向后面的腿添加 IK 骨架。

将其他图层隐藏，仅保留后腿图层。按照步骤（3）的方法为后腿添加 IK 骨架。如图 8.7 所示的中图，后脚初始位置是处于脚蹬最下面的位置，与前脚正相反对应。

（5）设置约束。

由于腿向前旋转不能超过膝盖，所以应该将其设置旋转角度约束。如果男孩的脚和腿没有绕脚蹬杆移动的约束，我们可能要对大腿和小腿设定具体约束值。在这个实例中，因为脚的动作（连带腿的动作）受到了脚蹬杆的圆周运动的限制，所以，我们只要将大腿和小腿的骨骼选中【约束】选项即可。

具体操作方法：隐藏其他所有图层，仅保留前腿图层。单击前腿膝盖到踝骨段骨骼，再单击【属性】面板，在"联接：旋转"下面选中【约束】。如图 8.8 所示。

对后腿设置约束。解除后腿图层隐藏，将前腿图层隐藏，单击后腿膝盖到踝骨段骨骼，在属性面板选中旋转【约束】。

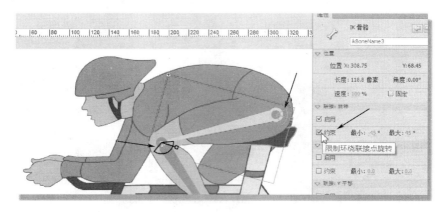

图 8.8　设置约束

（6）设置蹬车动作。

先设置前腿蹬车动作。将其他图层隐藏，仅保留前腿图层和前脚蹬杆图层。在前腿图层上每隔 5 帧按 F6 键转换该帧为关键帧。在第 5 帧舞台上用【选取工具】拖动脚踝骨—脚蹬处的骨骼到脚蹬杆的位置，再在第 10 帧处调整该骨骼到脚蹬杆的位置，依次类推，每隔 5 帧，调整帧脚踝骨—脚蹬处的骨骼与脚蹬杆的位置衔接。

设置好后，查看动画效果。效果不理想就进行适当调整。

将后腿图层和后脚蹬杆图层解除隐藏，将前腿图层和前脚蹬杆图层隐藏。按照同样的方法，设置关键帧以及将后腿脚踝骨—脚蹬处的骨骼与脚蹬杆衔接，效果如图 8.9 所示。

图 8.9　蹬车动作

(7) 车轮转动效果。

为了增加车轮的动感，添加自行车快速运动时产生的光晕效果。绘制如图 8.10 所示的两个形状，并转换为图形元件。

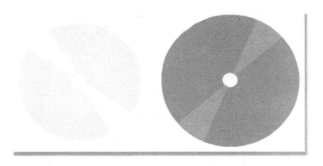

图 8.10　光晕效果

将这两个元件放置在两个图层，位于车轮的下面图层。在各自图层的第 25 帧和第 13 帧处插入关键帧，在第 13 帧处将各自的图形元件都旋转一个角度，然后分别在两个图层的第 1 帧和第 13 帧处设置传统补间。

(8) 链盒转动效果。

用补间动画或传统补间为链盒设置转动效果，可以参考脚蹬杆的动画设计实现，这里就不详述了。

8.3　向骨骼添加弹簧属性

利用 Flash IK 系统的骨骼"强度"和"阻尼"属性，可以使动画实现更真实、逼真的物理移动效果。

强度值的含义：弹簧强度值越高，创建的弹簧效果越强，显示弹簧越坚硬。强度值越小，表示弹簧效果越弱。强度值为 0，表示没有选择弹簧属性。

阻尼值的含义：阻尼值表示弹簧效果的衰减速率。阻尼值越高，弹簧属性减小得越快，动画结束的越快。如果值为 0，则弹簧属性在姿势图层的所有帧中保持其最大强度。

如果要查看比较选择和未选择弹簧的效果，则可以单击姿势图层后在 IK 骨架属性面板上的【取消启用弹簧】，或单击舞台上骨骼后在 IK 骨骼属性面板上的【将弹簧强度值调为 0】。

如果希望摆动的时间长些，则在最后的关键帧后面添加多一些的普通帧，这样当使用弹簧属性时，下列因素将影响骨骼动画的最终效果。

① "强度"属性值。

② "阻尼"属性值。

③ 姿势图层中姿势之间的帧数。
④ 姿势图层中的总帧数。
⑤ 姿势图层中最后姿势与最后一帧之间的帧数。
尝试调整其中每个因素以达到你所需的最终效果。

【例 8-4】 制作钟摆。

知识点：应用弹簧和阻尼。

制作步骤：

（1）绘制钟盘。

新建一文件，选中矩形工具组中的【基本椭圆工具】，如图 8.11 所示。在属性面板，将笔触颜色选浅灰色的"#666666"，填充色选黑白放射性渐变色，按 Shift 键的同时，拖动鼠标在舞台上拖出一个正圆形球体。

图 8.11 基本椭圆工具

（2）调整钟盘颜色。

打开【颜色】面板，单击填充色，在渐变色编辑条靠近白色油漆桶的右边单击一下，生成一个新油漆桶，将其拖到右边油漆桶旁，如图 8.12 所示。

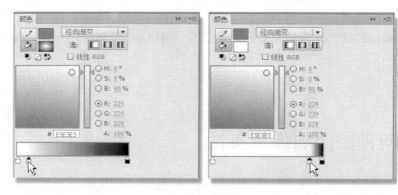

图 8.12 调整钟盘的颜色

（3）制作环形钟盘。

单击舞台上的椭圆图元，打开【属性】面板，将椭圆选项下的内径从"0"调整到"85"，舞台上的圆形就变成了环形，并且因为径向渐变颜色而有了凸起的感觉，如图 8.13 所示，再添加数字和指针。

（4）制作钟摆。

单击矩形工具，画出一个长条矩形，填充色为线性渐变，描绘色为浅灰色。将矩形全部选中，然后转换为影片剪辑元件，命名为"钟摆上"。

再用椭圆工具画出一个圆形，填充色为径向渐变，描绘色为浅灰色。将圆形全部选中，转换为影片剪辑元件，命名为"钟摆下"。

将"钟摆上"和"钟摆下"放在上下两个不同图层，但是位置调整为整体上看起来是一体的，如图 8.14 所示。

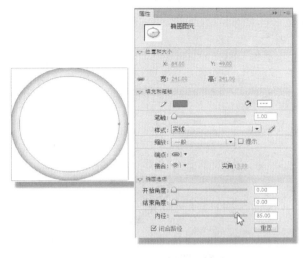

图 8.13 制作钟盘　　　　　　图 8.14 制作钟摆

（5）添加 IK 骨架。

将钟盘图层隐藏。单击钟摆杆，再单击【任意变形工具】，将矩形的对起点调整到顶部中心位置。

单击【骨骼工具】，从矩形的对齐点开始向下拉直到下面的圆形中心点为止，然后松开鼠标。Flash 生成了新姿势图层，改名为"钟摆骨架"。

（6）添加关键帧。

在钟摆骨架图层的第 90 帧处按 F5 键，在第 10 帧处按 F6 键，然后单击第 1 帧，单击【选择工具】（黑箭头工具）向左拖动舞台上的骨骼到一个角度，如图 8.15 所示。

（7）查看初步效果。

解除钟盘图层的隐藏状态，在钟盘图层的第 90 帧处按 F5 键，然后按 Ctrl+Enter 组合键查看动画效果。钟摆从左侧位置摆下来后停在中心位置就不动了。

（8）添加弹簧属性。

首先单击钟摆骨架图层，然后单击【属性】面板，在 IK 骨架面板的弹簧选项下选择了【启用】。然后单击舞台上的钟摆骨骼，再单击【属性】面板，将 IK 骨骼面板上的弹簧下的强度值从"0"改为"100"。按 Ctrl+Enter 组合键，查看效果。这次钟摆开始左右摇摆了，因为没有设置阻尼参数，摇摆会坚持比较长的时间。

【例 8-5】　制作摇摆的秋千。

知识点：应用弹簧和阻尼。

制作步骤：

（1）打开【秋千--未完成.fla】，将秋千的对齐点调整到右边绳的顶点位置。

（2）单击【骨骼工具】，单击右边绳顶点，开始垂直向下拖动鼠标直到下部底板的边为止，松开鼠标，姿势图层就建好了。

（3）在姿势图层的第 90 帧按 F5 键，在第 15 帧按 F6 键。单击第 1 帧，单击【选择工具】，将舞台上的秋千调整一个角度，如图 8.16 所示。

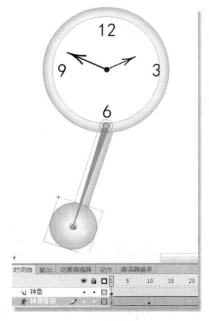
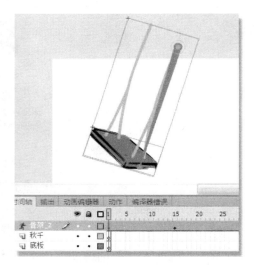

图 8.15　调整钟摆的摆动角度　　　　　图 8.16　调整秋千摆动角度

（4）单击舞台上的骨骼，再单击【属性】面板，将弹簧强度值调整为"100"，将阻尼值调整为"20"，按 Ctrl+Enter 组合键，查看动画效果。

实训 8

1. 运用骨骼工具和反向运动技术，利用"骑车男孩--未完成.fla"文件，制作一个爬坡的骑车男孩动画，如图 8.17 所示。

图 8.17　爬坡的骑车男孩

2. 制作一串摇晃的钥匙动画。

第 9 章

Flash CS6 滤镜和混合模式（1）

从 Flash 8 开始新增的滤镜和混合模式，曾经让设计师们兴奋不已。滤镜和混合模式使 Flash 的图形设计能力大大增强。过去只有用 Photoshop 才能实现的一些滤镜和混合模式，在 Flash 中也能实现了，不仅方便了很多，而且由于制作出的作品保持了矢量图形的特点，以及可以制作动态滤镜，比 Photoshop 更有优越之处。本章我们将学习滤镜技术和一部分混合模式，另一部分混合模式将在下一章做介绍。

9.1 滤镜技术简介

滤镜是通过以特定方式过滤数据的一系列算法处理图形数据而产生的图形效果。熟悉 Photoshop 的朋友一定对 Photoshop 的滤镜功能印象深刻，用滤镜功能可以为图像增添奇特的效果。虽然 Flash 中的滤镜只有 7 种，如图 9.1 所示，但是这些都是最常用的滤镜，而且如果我们能真正掌握这些技巧，灵活运用它们，足以制作出独特的动画效果。

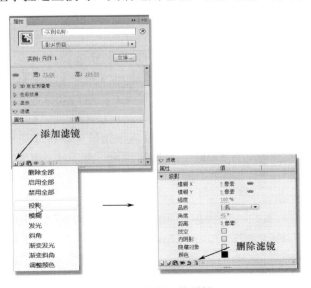

图 9.1 滤镜及其属性

滤镜可以应用于文本、按钮和影片剪辑。与 Photoshop 只能制作静态的滤镜效果相比，Flash 的滤镜技术有其更独特之处：我们可以制作活动的滤镜效果。例如，我们可以将投影滤镜应用在运动的对象上，可以和补间动画结合，投影可以从一边移向另一边，从而模拟一个照在对象上的移动光源，从一边移动到另一边。

Flash 的 7 种滤镜功能为：投影、模糊、发光、斜角、渐变发光、渐变斜角以及调整颜色。

如果要为舞台上的对象添加某种滤镜，可以在属性面板中单击滤镜下方的【添加滤镜】按钮，然后在弹出的菜单中选择一种，如图 9.1 所示。如果选中了某种滤镜，则该滤镜的参数会显示在滤镜下面的属性框中。如果要删除滤镜，单击滤镜属性框下方的垃圾桶，滤镜就取消了滤镜的应用。

每种滤镜都有不同的属性，只有我们了解了各种滤镜的特点，才能在适当的场合应用适当的滤镜，才能利用好这些滤镜，制作出我们需要的动画效果。在下面的例子中，我们通过实例的操作，逐步了解滤镜的使用及特点，以便让这些滤镜为我们的创意服务。

9.2 投影滤镜

投影滤镜可能是最常用的功能。应用投影滤镜可以使对象具有在通常的光线下产生的阴影效果，也可以通过设置【内侧阴影】或【隐藏对象】，产生更独特的效果，如雕刻字、运动的影子等，参见本章实例。

【例 9-1】 制作被按下的按钮。

知识点：设置投影滤镜，使用投影的内侧阴影，使用公用库，使用粘贴到当前位置功能，消除文字的锯齿。

制作步骤：

（1）准备按钮。

此例中我们利用 Flash 自带的公用库中的按钮制作特效按钮。

新建一个文件，单击【窗口】→【公用库】→【按钮】（或【Buttons】），打开公用按钮库。单击【buttons bar】文件夹，将【bar blue】按钮拖出到当前帧的舞台上，如图 9.2 所示。

由于按钮很小，所以我们用【变形】面板将按钮放大。将【变形】面板调出后，选中【约束】，在百分比输入框中输入"400"，将按钮放大。由于这些按钮都是矢量图形制作的，所以放大后不会失真。

（2）修改按钮。

双击【按钮】，进入按钮编辑状态。【Bar blue】按钮有三个图层：text、rule、box。锁定 rules、box 图层，双击 text 图层上的【Enter】文字，将文字在属性面板中的各项属性改为"黑体"或"微软雅黑"、10 号的静态文本，将文字改为中文"投影"，如图 9.2 所示。然后用【对齐】面板将文字相对于舞台垂直、水平居中对齐。

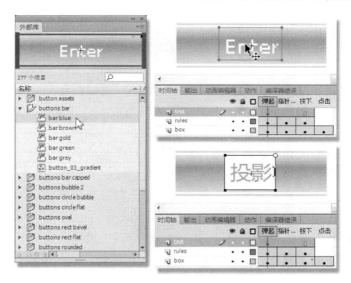

图 9.2　滤镜及其属性

提醒：文字的消除锯齿功能在默认状态下字体呈现方式是"位图文件（未消除锯齿）"。我们应该在文字属性面板中将字体呈现方式改为"可读性消除锯齿"，这样显示文字的效果会更好。

（3）为应用滤镜做准备。

我们要做的是将滤镜应用到"按下"帧的按钮方框上。而该帧上的对象是分别在两个图层上的两个形状，不能应用滤镜效果，所以我们要对"按下"帧上的内容稍做修改，将这些形状集合在一起并转换为影片剪辑元件。

锁定 text 图层，将 rules、box 图层解锁，按下 Shift 键的同时单击 rules、box 图层上的"按下"帧，然后按 F8 键，将这两帧舞台上的图形转换为影片剪辑元件，取名为"filterMc"。转换后，该元件放置于 rules 图层的"按下"帧的舞台上。

（4）应用滤镜。

现在我们就可以为这个影片剪辑添加滤镜效果了。选中舞台上的【filterMc】，打开【属性】面板，单击【添加滤镜】按钮，然后选择【投影】，如图 9.3 所示。

图 9.3　投影的设置

这里各个参数的含义如下。

· 模糊：设置投影的宽度和高度。可以拖动滑块或填充数值。默认情况下模糊 X 和模糊 Y 值是互相约束的。

· 强度：设置阴影暗度。数值越大，阴影就越暗。可以拖动滑块或输入数值。

· 颜色：选择一种阴影的颜色。除了常用的黑色或灰色阴影之外，也可以选择彩色投影。

· 角度：设置阴影的角度，可以输入数值，也可以拖动角度盘。

· 距离：设置阴影与对象之间的距离。输入数值或拖动滑块。

· 挖空：从视觉上隐藏源对象，并在挖空图像上只显示投影。

· 内侧阴影：在对象边界内应用阴影。

· 隐藏对象：将对象隐藏，只显示其阴影。使用该选项的效果见下一个实例。

· 品质：质量级别由高到低。高品质类似于高斯模糊；低品质可以得到最佳的播放速度。

在这个实例中，我们选择内侧阴影选项，将距离调整为 10 像素，品质选"高"，其他参数保持默认设置。

设置完成后，按 Ctrl+Enter 组合键测试影片，当用鼠标按下【按钮】时，按钮显示凹进去的样子。

（5）嵌入字体。

在制作含有特殊文字字体的动画时，应该将动画所用字体嵌入到动画中，以免在没有安装这类字体的计算机中播放时发生错误。类似的错误信息如图 9.4 所示。

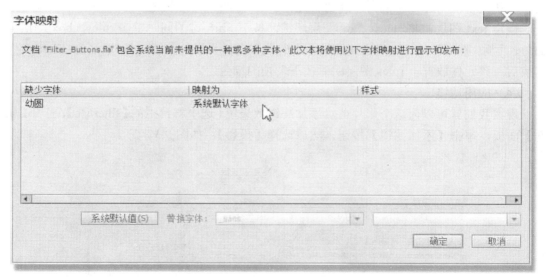

图 9.4　计算机缺少动画所用字体

为避免这类问题发生，我们在发布动画之前，应将字体嵌入到动画中。具体方法：在字体属性面板中，单击字符下面样式后面的【嵌入】按钮，然后在【嵌入字体】对话框中，选择字体"简体中文·1 级",如果动画中包含不常用汉字,则可以选择"中文(全部)",如图 9.5 所示。

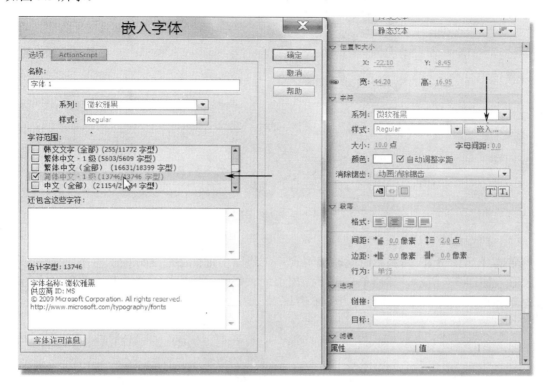

图 9.5 嵌入动画所用字体

举一反三:试着调整投影滤镜的其他参数,制作出不同的特殊效果。例如,调整阴影颜色为彩色,调整模糊值,调整距离,或调整角度等。

在下面的例子中,利用隐藏对象,我们学习制作更有趣的动画效果。

【**例 9-2**】 制作骑车男孩的影子(移动的影子)。

知识点:应用投影滤镜的隐藏对象,制作补间动画,将主时间轴上的动画转换为影片剪辑元件。

制作步骤:

(1)将动画转换为影片剪辑元件。

首先,打开第 8 章制作完成的骑车男孩动画文件。按 Shift 键的同时,单击主时间轴上除了地面图层之外的各个图层,这样就全部选中了除了地面图层之外的所有图层,然后右击选中的图层,在弹出的菜单中单击【复制帧】。然后,单击菜单【插入】→【新建元件】,或直接按 Ctrl+F8 组合键(创建新元件),在【创建新元件】对话框中选择【影片剪辑】,在名称框里输入"骑车男孩",我们就自动进入了新建的影片剪辑的编辑窗口,这时右击时间轴上的第 1 帧,选择【粘贴帧】,刚才在主时间轴上复制的所有图层都粘贴到了骑车男孩影片剪辑的时间轴上了,如图 9.6 所示。

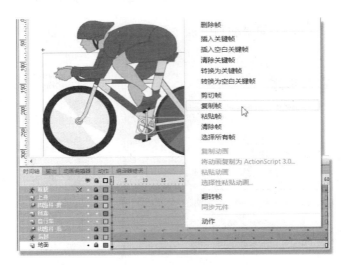

图 9.6 复制图层

（2）清空舞台。

单击【场景 1】，回到主时间轴编辑窗口，将除了地面图层之外的所有图层选中后全部删除，如图 9.7 所示。然后单击剩下图层上的关键帧，然后按 Delete 键，将舞台上的对象也删除。最后将该图层改名为"骑车男孩"。

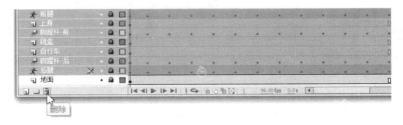

图 9.7 删除图层

（3）调整舞台尺寸。

单击【修改】→【文档】，在【文档设置】对话框中修改文档尺寸，将宽度改为 1000 像素，高度改为 600 像素。

（4）制作影子。

打开【库】，将【库】中的骑车男孩拖到舞台中心位置。新建一个图层，复制骑车男孩图层到这个新图层，将下面的图层名字改为"影子"。

锁定并隐藏骑车男孩图层，单击影子图层，单击【修改】→【变形】→【垂直翻转】，然后将上面的骑车男孩图层解除隐藏（注意不要解除锁定，下面的操作和步骤（5）都是在锁定骑车男孩图层的条件下进行的），向下移动影子图层上的元件，直到影子图层中的车轮位于上面图层中的车轮下面为止，形成上面图层中骑车男孩的影子。

再选择【任意变形工具】，将对齐点从中心位置移动到上边线中点，以便调整其形状时以上边线为轴变化。然后将鼠标停留在影子元件的下边线附近向右拖动，错切形状，再将鼠标停留在下边线中心位置，向上拖动鼠标将元件压扁，如图 9.8 所示。

第9章 Flash CS6滤镜和混合模式（1） 127

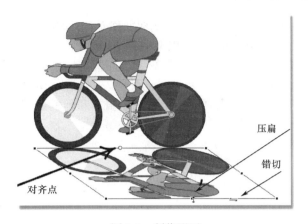

图 9.8 制作影子

（5）为影子添加投影。

选中影子图层上的元件，单击【属性】面板，添加投影滤镜。

投影的各项参数做如下调整。

- 模糊 X：5 像素。
- 模糊 Y：5 像素。
- 品质：选择"高"。
- 角度：0 度。
- 选中隐藏对象。
- 颜色：调整为"#333333"。

隐藏了对象的投影就只剩下影子了，效果如图 9.9 所示。

（6）创建补间动画。

现在对骑车男孩图层解除锁定。按 Shift 键的同时，单击骑车男孩和影子两个图层，再按向右方向键→，将骑车男孩和影子两个元件同时移出舞台，放置于舞台右侧的外面位置。

图 9.9 为影子添加投影并隐藏对象

分别右击骑车男孩图层和影子图层，分别创建补间动画，然后在骑车男孩图层的第150帧处按F5键，在影子图层的第150帧处也按F5键。

按Shift键的同时先后单击骑车男孩和影子，同时选中了两个元件，然后按向左方向键←，将两个元件穿过舞台移动到舞台的左侧外面，这时补间动画就生成了。

按Ctrl+Enter组合键，测试动画效果。男孩子骑车和他的影子从右面进入舞台，穿过舞台，然后消失在左侧舞台外面。仔细观察，影子是运动的影子，影子中的动作和男孩子的动作是同步的。如果影子的位置不合适，再进行适当调整。

9.3 模糊滤镜

模糊滤镜也是大家喜爱和常用的一种制作特效的功能，尤其在制作运动中的对象，用模糊滤镜模拟快速运动时，效果非常生动。

【例9-3】 制作滚动的球。球快速撞击墙面并被弹回的效果。

知识点：应用模糊滤镜，运动补间动画，调整缓动值。

制作步骤：

（1）准备球。

新建一个文件，文档尺寸为"550×200"。单击【文件】→【导入】→【打开外部库】，将第7章的"动画预设--弹跳的篮球.fla"文件的库打开，将库中的影片剪辑元件篮球拖入到舞台上，在库中将元件改名为"blurMc"。将当前图层改名为"ball"。

这时可以关闭"拍球.fla"文件了。

（2）制作场景。

插入一个图层，命名为"ground&wall"。将ground&wall图层拖到ball图层的下面。在ground&wall图层上画颜色为深褐色的一个地面和一个墙面，如图9.10所示。调整好球的位置，将球放于地面的水平线上。

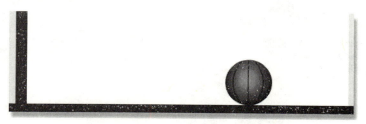

图9.10 地面、墙面、球

（3）制作滚动的球。

在ball图层的第7帧和第22帧，插入关键帧。将第1帧上的球移动到舞台右边的外面，将第7帧的球的位置调整到墙面右边，紧贴墙面，第22帧上的球的位置不变。

分别将第1帧和第7帧设置为传统补间。

将第1帧的缓动设置为"-100"，即球以加速度滚动，将旋转选逆时针，次数选3次，如图 9.11 所示的左图。

将第 7 帧的缓动设置为 "100"，即球以减速度滚动，将旋转选顺时针，次数选 2 次，如图 9.11 所示的右图。

图 9.11　球滚进（加速）及弹回（减速）的补间设置

（4）添加模糊滤镜效果。

因为球从场外飞速进入场景，又快速被墙弹回，所以球飞进来的时候看起来是模糊的，直到慢慢停止运动后才变得清晰。下面为球设置模糊滤镜效果。

选中第 1 帧上的球，打开【滤镜】面板，添加滤镜【模糊】。模糊滤镜只有 3 个参数：模糊 X、模糊 Y 和品质。模糊滤镜参数的含义与前几个滤镜参数的含义相同。这里，我们将第 1 帧上球的滤镜的模糊 X、Y 值选为 "10"，品质选为 "高"。再选中第 7 帧上的球，添加滤镜【模糊】。将模糊 X、Y 值选为 "5"，品质选为 "高"。再选中第 22 帧上的球，添加滤镜【模糊】。将模糊 X、Y 值选为 "0"，品质选为 "低"。测试动画，效果如图 9.12 所示。

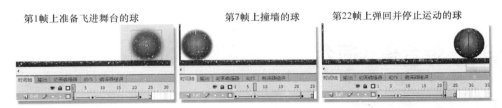

图 9.12　用模糊滤镜模拟球快速运动的效果

其他滤镜参数如下。

（1）发光滤镜。

发光滤镜各参数含义：

① 模糊：设置发光的宽度和高度，输入数值或滑动滑块。

② 强度：设置发光的清晰度。

③ 颜色：设置发光的颜色。

④ 品质：和投影相似，质量级别由高到低。高品质类似于高斯模糊。低品质可以得

到最佳的播放速度。

⑤ 挖空：从视觉上隐藏源对象，并在挖空图像上只显示发光。

⑥ 内侧发光：在对象边界内应用发光。

可以将发光滤镜和补间动画结合，制作闪烁的发光效果。

（2）斜角滤镜。

利用斜角滤镜，我们可以使对象具有三维外观，产生立体效果。斜角滤镜各参数含义：

① 模糊：设置斜角的宽度和高度。

② 强度：设置斜角的不透明度，而不影响其宽度。

③ 角度：影响斜边投下的阴影角度。

④ 距离：斜角的宽度。

⑤ 挖空：从视觉上隐藏源对象，并在挖空图像上只显示斜角。

⑥ 加亮：应用于对象上的亮光部分，以突出于背景表面。

⑦ 阴影：应用于对象上与亮光部分相反方向的阴影。类型含内侧、外侧及整个。

（3）调整颜色滤镜。

调整颜色滤镜可以制作一些色彩丰富的、炫目的效果。在调整颜色滤镜中，有4个参数可以设置：

① 亮度：调整图片的亮度。数值范围为：-100～+100。

② 对比度：调整图像的加亮、阴影及中调。数值范围为-100～+100。

③ 饱和度：调整颜色的强度。数值范围为-100～+100。

④ 色相：调整颜色的深浅。数值范围为-180～+180。

添加滤镜并不复杂，关键是我们要不断地测试各种参数所产生的结果，从而找到我们需要的动画效果。大家课后自己多做练习，尽快熟悉各种滤镜的特性。随书附带的文件"滤镜按钮.fla"，显示了将不同的滤镜应用在按钮的效果，大家可以参考。

9.4 混合模式简介

9.4.1 混合模式概念

混合模式使Flash具有了图像合成的能力。

简单地说，混合模式是图像合成中的一项重要技术。图像合成最重要的一点是怎样使不同的图像自然地融合在一起。混合模式帮助我们将图像中的各种元素（如基准颜色、混合颜色、结果颜色以及透明度等）进行调和，使两张或两张以上的图像自然地融合在一起，并产生不同的组合效果。

在Flash CS6中，混合模式共有图层、变暗、正片叠底、变亮、滤色、叠加、强光、增加、减去、差值、反相、Alpha和擦除模式。其中，图层模式通常与其他模式（如Alpha

和擦除模式）结合使用。由于图层、Alpha 和擦除模式比较特殊，所以将在下一章详细介绍这 3 种混合模式技术。混合模式的种类如图 9.13 所示。需要说明的是，早期版本混合模式的名称和现在版本的不尽相同，例如：

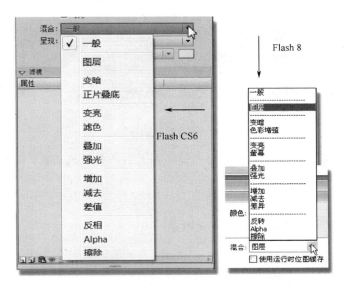

图 9.13　混合模式的种类（与早期版本比较）

Flash CS6：正片叠底；　　早期版本：色彩增值；
Flash CS6：滤色；　　　　早期版本：荧幕；
Flash CS6：差值；　　　　早期版本：差异；
Flash CS6：反相；　　　　早期版本：反转。

9.4.2　设置混合模式

混合模式通常应用于影片剪辑元件上。

设置混合模式的方法如下。

（1）首先准备好两张图片，导入到新建的 Flash 文件中。如果不用图片，也可以绘制几个几何形状。

（2）新建两个图层，将图片分别拖到两个图层的关键帧的舞台上，调整好在舞台上的位置，将位于上面图层舞台上的图片转换为影片剪辑元件。如果使用形状应用混合模式，则将上面图层舞台上的形状转换为影片剪辑元件。

（3）选中上面图层的影片剪辑元件，打开属性面板，在混合模式的列表中选择一种混合模式。

（4）测试文件，观察结果。

几个常用术语的含义如下。

（1）混合颜色：位于上面图层且须要设置混合模式的图像或形状的颜色，又称为源图像颜色。

（2）基准颜色：在混合颜色下面的图像或形状的颜色，又称为目标图像颜色。
（3）结果颜色：最后生成的混合效果的颜色。

如图 9.14 所示，显示了应用差值混合模式将两张图片混合后产生的新图像。

图 9.14 混合模式的各种颜色

在决定选择某种模式之前，我们不但要学习了解各种模式的特点，还要不断试验各种模式，以便找出合适的合成方式。

9.4.3 各种混合模式简介

1）变暗模式

变暗模式只替换比混合颜色亮的区域，比混合颜色暗的区域不变。这里，混合颜色是指应用于混合模式的影片剪辑上的颜色。

确切地说，变暗模式是通过比较基准颜色和混合颜色（又称为目标图像和源图像）的颜色，让更暗的颜色保留在生成的图像上。在实际应用中，变暗模式产生的效果比我们想象的要复杂些。

2）正片叠底模式

正片叠底（又称色彩增值）是将基准颜色复合以混合颜色，从而产生更暗的颜色。

正片叠底模式与变暗模式很相似，两种颜色混合后生成了更暗的颜色。与变暗模式（绝大多数情况下是替换并显示两种像素中较暗的颜色）不同的是，正片叠底模式增强了两种颜色值，其结果颜色总是结合了源图像和目标图像双重颜色而变得更暗。

对暗色增值，结果图像上总是生成暗色；在白色上增值，则保持基准图像上的颜色不变。

3）变亮模式

变亮模式与变暗模式正相反。源图像和目标图像上的较亮颜色被选择参与合成了。变亮模式是通过比较源图像到目标图像的颜色，让更亮的颜色保留在生成的图像上。正如变暗模式中有些颜色被叠加在结果图像上一样，变亮模式也会将一些颜色叠加到结果颜色上。

4）滤色模式（又称荧幕）

正如变亮模式与变暗模式产生的效果正相反，滤色模式和正片叠底模式也正相反。滤色模式将混合颜色的反色与基准颜色复合，从而产生漂白效果。

与变亮模式很相似，滤色模式使源图像和目标图像（基准和混合颜色）两种颜色混合后让更亮的颜色保留在生成的图像上。不同的是滤色模式使图像更亮。

5）叠加模式

叠加模式对源图像和目标图像进行正片叠底或滤色处理。选择哪种模式取决于基准颜色（目标图像上的颜色）。请记住，亮颜色的颜色值比暗颜色的颜色值大。其效果使源图像叠加在目标图像上，只是调整了中间色调，并保留了所有的高光和阴影，结果图像会包含更多的目标图像（基准颜色，即下面图层上的图像颜色）的内容。

6）强光模式

从原理上强光模式类似于叠加模式。强光模式对源图像和目标图像也进行正片叠底或滤色处理。

在强光模式中，当源图像的颜色亮于 0.5 时（比灰度 50%亮时），目标图像通过滤色变得更亮。当源图像的颜色暗于 0.5 时（比灰度 50%暗时），目标图像通过正片叠底变得更暗。使用纯白和纯黑颜色则保持颜色值不变。

与叠加模式保留更多的目标图像不同的是，强光模式中源图像颜色更多地保留在结果图像上。

7）增加模式

增加模式将源图像颜色值加到目标图像的颜色值上，从而产生结果图像的颜色。增加模式通常产生一个柔和、明亮的图像，这样的图像在创建两个图像溶化的效果以及实现明亮效果时很有用。结果图像中，源图像和目标图像融合在一起，你中有我，我中有你。

8）减去模式

使用减去模式，源图像的颜色值从目标图像的颜色值中减去（源图像的颜色值减去目标图像的颜色值而生成结果图像）。这种模式可以用于阴影类型的效果。

9）差值模式

差值模式是很有趣的混合模式。在这种模式的处理过程中，首先判断源图像和目标图像的两个颜色值，然后在两个颜色中从较亮的图像颜色中减去较暗的图像颜色。在这种方式中，暗色区域保留它下面的图像不变，白色区域反转它下面的图像，灰色阴影部分地反转它下面的图像。

值得注意的是，当目标图像为全白色时，将源图像设置为差值模式，其结果图像与设置为反相模式一样。当目标图像为全黑色时，结果图像与源图像相同。

10）反相模式

反相模式是利用源图像反转目标图像的颜色而生成结果图像。通常结果图像类似于彩色底片。这里，源图像的作用类似于遮罩（又称蒙板），只有在源图像覆盖的范围内才反转目标图像。与遮罩不同的是，源图像的 Alpha 值（透明度）对反转效果影响很大，当源图像的透明度为 0%时，反转效果最完全。当将源图像的透明度逐渐向小调整，反转效果渐渐变弱，调整到 50%时，整个图像变成灰色了。继续调低透明度，目标图像渐渐显露出来。再继续调整，直到 0%时，反转效果为零，结果图像与目标图像完全一样。所以当应用反相混合模式时要谨慎使用 Alpha 值。

11）图层模式、Alpha 模式和擦除模式

最后这 3 种混合模式比较特殊，鉴于图层、Alpha 和擦除这 3 种混合模式的特殊性和复杂性，这里只简单介绍一下，我们将在下一章再做详细的介绍。

图层、Alpha 和擦除这 3 种混合模式不能单独使用，它们要互相结合在一起使用才能

产生效果。在前面已经学习过的混合模式中，我们只要准备源图像、目标图像，对源图像设置混合模式就可以生成结果图像。而图层模式的应用远没有那么简单。图层模式要应用在合成的影片剪辑上，而在这个合成的影片剪辑中，包含了另一种混合模式（Alpha 模式或擦除模式）以及源图像。Alpha 模式和擦除模式的作用是通过与图层模式结合，提供在源图像中显示目标图像的区域以及显示的方式。

下面我们通过几个典型实例，了解混合模式的特性，学习、掌握混合模式的使用方法。

9.5 混合模式实例

1．正片叠底模式实例

正片叠底模式与同组中的变暗模式很相似，两种颜色混合后生成了更暗的颜色。正片叠底模式增强了两种颜色值，其结果颜色总是结合了源图像和目标图像双重颜色而变得更暗。

正片叠底模式的原理很像在已打印出的彩色纸上再次打印彩色图像。想象一下用打印机打印一张图像，然后再用同一张纸的同一面打印另一个完全不同的图像，其结果是颜色进行了叠加。了解了这一点，我们就可以将这种特点应用于合成图像的制作中。

【例 9-4】　制作湖蓝色溪水效果。通常泛白的湍急的溪水颜色由浅色变深了。

知识点：应用正片叠底混合模式。

制作步骤：

（1）准备图片。

在这个例子中，我们用两张水的图片运用正片叠底进行合成处理，一张为平静的湖蓝色湖水图片，另一张为湍急的白色溪水图片，如图 9.15 所示。将两张图片导入到新建的文件库中，然后将一张图片拖到当前舞台上，将另一张拖到插入的新图层关键帧的舞台上。

将两张图片与舞台左上角对齐，然后将文档尺寸调整为与内容匹配。

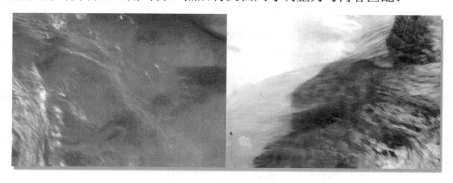

图 9.15　湖水和溪水原始图片

（2）应用混合模式。

将位于上面图层的图片转换为影片剪辑，选中影片剪辑，在属性面板的混合列表中选择正片叠底。白色的溪水变成了湖蓝色溪水，如图9.16所示。

图 9.16 湖蓝色的溪水

为了比较两张图分别作为源图像的效果，我们可以另外插入关键帧，然后对调两个图片所在的图层，仍然将上面图层的图像转换为影片剪辑（如果不是影片剪辑的话），然后应用正片叠底混合模式，查看最终效果。结果显示，效果是一样的。

2．变亮混合模式实例

为了理解变亮模式，我们通过一个例子，体会一下变亮模式和变暗模式的不同效果。

在下面的例子中，下面图层上的基准颜色（两组相同颜色的文字）为灰色（#666666），上面图层上的源图像颜色（相同的两个矩形）为黑白线性渐变色。

当将上面图层的左边矩形应用变亮模式、右边矩形应用变暗模式后，结果颜色显示在下面。在变亮模式下，亮的部分更亮，而在变暗模式下，暗的部分更暗。

在变亮模式的矩形中，左侧渐变色比下面图层的文字亮，所以文字的颜色取渐变色中的白色和浅灰色。右侧渐变色中，接近黑色的区域颜色比文字暗，所以文字取本身的颜色，如图9.17所示的左图。

在应用变暗模式的矩形下，生成的图像颜色是取自于混合颜色（即图中矩形颜色）和基准颜色（图 9.17 中的文字颜色）中较暗的颜色。左边，文字较暗，所以显示出来了；右边，矩形颜色较暗，所以矩形显示出来，矩形颜色把文字遮盖了，如图 9.17 所示的右图。

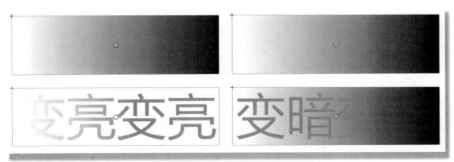

图 9.17 变暗和变亮模式的比较

现在我们知道了在变亮模式中最终显示的颜色是两种参与合成的颜色中较亮的颜色。我们可以利用这种模式突出图像中亮的部分，从而制作出特殊的图形合成效果。下面的例子中我们可以看到变亮模式适合于这样类型的图形合成。

【例 9-5】 制作花瓣溪流的效果。

知识点：应用变亮混合模式。

制作步骤：

（1）准备图片。

在这个例子中，我们用到两张图片：一张是铺满白色花瓣的山间小路的照片，另一张是湖水照片，如图 9.18 所示。

图 9.18　湖水和铺满白色花瓣的山间小路

将两张图片导入到新建的文件中，并将湖水图片拖到当前帧的舞台上，将花瓣图片拖到新插入的图层（上面的图层）的关键帧的舞台上。将上面图层改名为"sourceImg"，将下面图层改名为"destinationImg"。

（2）应用变亮混合模式。

将花瓣图片（即源图像）转换为影片剪辑元件，命名为"flowerMC"。选中这个影片剪辑，打开属性面板，选中混合列表中的变亮模式。浅色的溪水颜色取代了花瓣下面的深色路面，仿佛花瓣漂浮在溪水水面，生成了花瓣溪水，效果如图 9.19 所示。

图 9.19　花瓣溪水

在这个例子中,花瓣图片中颜色反差很大,只有花瓣的颜色比湖水图片中的颜色淡,路旁的树木、花下面地面的颜色都比湖水的颜色深,所以在最终的合成图像中,只有淡颜色的花瓣和湖水出现在画面中,不仅仅花瓣下的土地被溪水取代了,而且小路远处路边物体也被浅色的溪水取代,所以最终图像中的景象仿佛是花瓣由远而近地流过来。

举一反三:变亮模式可以使图像中较亮的元素显示在其他图像上,所以我们可以利用这种特点将文字和标题叠加在图像上,以创建更流畅和柔和的效果。试着制作一个这样的图像。

3. 叠加混合模式实例

应用叠加模式,生成的颜色更丰富多彩,因为在图像合成的过程中,如果目标颜色很丰富的话,正片叠底和滤镜模式同时参与合成,从而产生了多种不同的颜色。

另一个与其他混合模式不同的是,在叠加模式中,两个图像调换上下图层的位置,即用不同的图像作为目标图像,结果会很不相同,因为结果图像中保留了更多的目标图像的内容,而不是像其他模式那样,结果图像的内容大致均匀地取自两个图像。

利用这些特点,我们可以制作出类似于点缀、装饰或锦上添花式的合成图像。

【**例9-6**】 制作水下汽车的效果。

知识点:应用叠加混合模式,使用套索工具多边形模式,调整影片剪辑的颜色样式。

制作步骤:

(1)准备图片。

在这个例子中我们利用上个例子用到的湖水照片和另一张被撞坏的汽车图片,如图9.20所示,生成水下汽车的图像效果。

新建一个文件,再新建一个图层,将上面图层改名为"源图像",将下面图层改名为"基准图像"。

将准备好的两张图片导入到文件中,将汽车图片从库中拖入到源图像图层关键帧的舞台中,将湖水图片拖到基准图像图层的舞台上,锁定基准图像图层。

图9.20 准备好的两张图片:源图像和基准(目标)图像

(2)设置混合模式。

选中汽车图像,按F8键,将图像转换为影片剪辑元件,命名为"汽车"。将混合模式的叠加模式添加在该影片剪辑上。

(3) 调整影片剪辑的颜色值。

如果感觉水下的汽车太亮了，可以调整影片剪辑的颜色值，将亮度调暗。

单击影片剪辑汽车，打开属性面板，在颜色样式的下拉列表中选择亮度，如图 9.21 所示，拖动旁边的滑块，直到"-55"，也可以在输入框中的符号"%"前输入数值"-55"。最终效果如图 9.22 所示。

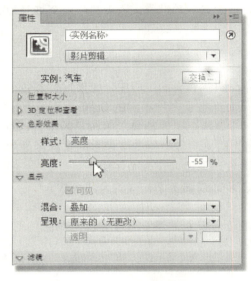
图 9.21　调整影片剪辑亮度

图 9.22　水下被撞坏的汽车

你也许经历过走迷宫。如果没有玩过迷宫，也看过迷宫的布局。迷宫大都是清一色的绿色的树墙，在一些比较复杂的迷宫里，要顺利走出来真要费一番功夫。如果我们进入下面例子中的彩色迷宫，是否更容易辨认出来路径呢？

下面让我们来制作这个彩色迷宫。

【例 9-7】　制作彩色迷宫。

知识点：应用叠加混合模式，使用套索工具多边形模式，处理位图，使用注释图层、任意变形工具。

制作步骤：

(1) 准备图片。

将这个例子中用到的迷宫和花的两个图片导入到新建的文件库中。将迷宫的图片从库中拖到当前的舞台上，将图片与舞台左上角对齐，然后在文档属性面板中将文档尺寸调整为与图片（内容）匹配。迷宫图片的尺寸为"800×300"，所以调整完的文档尺寸应该也是"800×300"。将当前图层命名为"目标图像"，然后将其锁定，如图 9.23 所示。

(2) 决定迷宫图中要更换颜色的区域。

在迷宫图片所在图层的上面新建一个图层，命名为"note"，并右击该图层，在弹出的菜单中单击【引导层】，将图层设置为"注释图层"。选择工具栏中的椭圆工具，画一个无填充颜色、笔触颜色为白色的椭圆。用任意变形工具和黑箭头工具将椭圆调整为和迷宫椭圆区域一样大小。

图 9.23　迷宫和鲜花原始图片

用直线工具或矩形工具，将迷宫树丛轮廓画出，如图 9.24 所示。调整完迷宫轮廓线后，将 note 图层锁定、隐藏，留待处理完位图后再使用。

图 9.24　确定鲜花图像覆盖区域

注意，当使用黑箭头调整曲线时，应先在舞台的外边单击一下鼠标，以便取消选中状态，然后选中黑箭头，当鼠标移动到椭圆附近时，会在鼠标的下方出现小弧线标志，这时就可以拖动鼠标调整椭圆了。

（3）调整位图。

在目标图像图层上面新建一个图层，命名为"源图像"，将花的图片拖到这个图层。

选中图片，选择工具栏上的任意变形工具，将花的图片旋转一个角度，如图 9.25 所示，并向下拖到合适位置，将图片中色彩丰富的区域覆盖住迷宫的树丛。

图 9.25　调整位图

选中鲜花位图，按 Ctrl+B 组合键将位图分离。

将 note 图层解除锁定、隐藏，复制迷宫轮廓线，然后将 note 图层再次隐藏起来，选中源图像图层上的关键帧，单击【粘贴到当前位置】，将迷宫轮廓线粘贴到已经分离了的位图上。

如图 9.26 所示，删除不需要的位图部分。我们在这个例子中利用花的颜色只为迷宫染色，所以迷宫树丛之外的所有元素（包括迷宫入口的门）都不应覆盖在花的图案下。最后删除白色轮廓线。

图 9.26　删除位图中不需要的部分

（4）设置叠加混合模式。

选中新的形状，按 F8 键，将形状转换为影片剪辑。选中这个影片剪辑，打开属性面板，在混合下拉列表中选择【叠加】模式，最后生成的效果如图 9.27 所示。

图 9.27　彩色的迷宫

4．差值模式实例

【例 9-8】　制作彩色文字。

知识点：应用差值混合模式。

制作步骤：

（1）准备文字。

新建一个文件，准备两个图层，分别命名为"源图像"和"目标图像"。

在目标图像图层的关键帧的舞台上,输入"Difference"字样,字体为"Time New Roman",字号为最大号"96",颜色为"米黄色",颜色值为"#FFCF63"。将文字全部选中后,转换为影片剪辑。

(2)准备形状。

在源图像图层关键帧的舞台上,绘制一个海豚形状,将颜色填充为蓝色。

再插入 5 个关键帧,将每个关键帧上的海豚填充一种颜色,如从第 1 个~第 6 个海豚的颜色为蓝色、紫色、橘黄色、浅灰色、中灰色和黑色。

(3)设置差值混合模式。

将源图像图层锁定。选中目标图像图层上的文字,打开属性面板,为文字添加混合模式差值模式。移动时间轴上的播放头,查看混合效果。

如图 9.28 所示,显示了未设置差值混合模式与设置差值混合模式后的文字效果。

利用差值混合模式反相颜色的特点,我们可以制作一些文字特效、Logo(商标)等图像。

图 9.28　未设置差值混合模式(上)与设置差值模式(下)的文字效果区别

实训 9

1. 应用滤镜,为第 8 章【例 8-4】中的秋千添加投影,制作带影子的摇摆秋千的动画。
2. 利用叠加模式,制作如图 9.29 所示的图像,将微笑的表情符融合在路边的灌木丛上。
3. 制作一幅树墙上的欢迎语,如图 9.30 所示。

图 9.29　微笑表情符

图 9.30　树墙上的欢迎语

4. 用变亮模式制作一幅标语和建筑物合成的图像。

第 10 章 Flash CS6 遮罩技术和混合模式（2）

遮罩（Mask）动画技术是 Flash 动画制作技术中最受人青睐的技术之一，如果运用得当并有好的创意，常常会做出很多特殊而神奇的效果。结合 Flash 的图层、Alpha 和擦除混合模式，我们甚至可以制作出柔和的遮罩效果。

10.1 遮罩基本概念

1. 遮罩

在现实世界中，遮罩是用来隐藏它后面的东西的，即人们看不见遮罩后面的东西。而在 Flash 中，遮罩则用来显示它下面的内容的。遮罩图层用来定义紧挨在它下面的图层中的可见区域，即人们可以看到遮罩图层中形状覆盖的内容，而这个形状外的东西人们就看不见了，如图 10.1 所示。

图 10.1 现实中的遮罩效果（上）和 Flash 中的遮罩效果（下）

Flash 中的遮罩是用来显示被遮罩层上内容的形状，它可以是静态填充形状、图形元件、文字，也可以是动态的影片剪辑。

2. 遮罩层与被遮罩层

遮罩层的设置：右击图层，在弹出的菜单中单击【遮罩层】，则当前层被设置成遮罩层，紧挨它下面的图层自动被设置成被遮罩层，两个图层被自动加锁。遮罩层和被遮罩层只有加了锁，遮罩效果才能显露出来。

一个遮罩层可以遮罩多个被遮罩层上的物体。如果要将被遮罩层下面的图层再设置成被遮罩层，则要进行的操作：右击要设置成被遮罩层的图层，在弹出的菜单中单击【属性】，在图层属性对话框中选择被遮罩。遮罩层和被遮罩层的设置如图 10.2 和图 10.3 所示。

 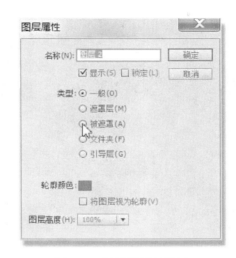

图 10.2　遮罩层的设置　　　　　　图 10.3　被遮罩层的设置

很多初学者不太理解遮罩层和被遮罩层的关系，常常不明白到底谁遮罩了谁，对遮罩效果是取决于遮罩层还是被遮罩层上的对象也常感困惑。本节通过一些实例帮助大家认清遮罩层与被遮罩层的关系，理解遮罩的作用。

重要概念：遮罩层提供显示外形，被遮罩层提供显示内容。

【**例 10-1**】　遮罩层与被遮罩层。

知识点：理解遮罩层和被遮罩层的关系。

制作步骤：

（1）准备渐变色球。

文件背景设为灰色。将当前图层改名为"ball"。用椭圆工具在图层 ball 的第 1 帧舞台上绘制一个圆，填充色使用黑白色的径向渐变，笔触颜色为无色。

（2）准备文字。

新建一个图层，命名为"text"。图层 text 在图层 ball 的上面，将其设置为遮罩图层。在图层 text 的第 1 帧舞台上输入文字"Flash"，字体为 Impact，颜色为红色。将文字与舞台水平、垂直居中对齐，然后将圆和文字左对齐。

两个图层的关系如图 10.4 所示的左上图，文字在上，径向渐变色球在下。

(3) 制作补间动画。

在图层 text 的第 20 帧处按 F5 键插入帧。将图层 ball 第 1 帧舞台上的球拖到与文字左对齐的位置。在图层 ball 第 10 帧和第 20 帧处按 F6 键插入关键帧,将第 10 帧处的球移动到与文字右对齐的位置,将图层 ball 的第 1~10 帧和第 11~20 帧设置为传统补间。拖动播放头,可以看到舞台上的球从左移动到右,然后又返回到左边。

(4) 设置遮罩。

在图层 text 处右击鼠标,在弹出的菜单中单击【遮罩层】,时间轴上图层 text 和图层 ball 被分别设定为遮罩层和被遮罩层,并被自动锁定。这时按 Ctrl+Enter 组合键,可以看到舞台上的文字不是红色,而是径向渐变色,球被文字覆盖的区域就显示出来,遮罩效果如图 10.4 所示的左下图。

注意:只有遮罩层和被遮罩层被锁定后,遮罩的效果才会显示出来。

图 10.4 红字做遮罩与渐变色球做遮罩的效果比较

可以再做些调整,将作为遮罩的文字的颜色透明度值 Alpha 改为 0%,其他部分不做调整。其遮罩效果没有改变,与图 10.4 左下图一样。

接下来将文件稍做调整,将两个图层调换位置,即把渐变色的球作遮罩,文字作为被遮照部分,看看有什么效果。

① 去掉图层 text 的遮罩属性(图层 ball 的被遮罩属性也自动被取消),将图层 text 拖到图层 ball 的下面。

② 现在,图层 ball 在图层 text 的上面,两个图层的关系如图 10.4 所示的右上图。

将图层 ball 设为遮罩层,遮罩效果如图 10.4 所示的右下图。文字在被球覆盖的区域就显示出来。

在这个例子中,含有渐变色的球作为遮罩,结果,被球遮盖的部分显示了红色的文字,而不是球的渐变色。

通过这几个实例,我们验证了这样的结论:遮罩层提供显示的形状,被遮罩层提供显示的内容。

提醒:遮罩层上的内容在最终的 swf 文件中是不可见的,Flash 会忽略遮罩(遮罩图层上的形状)的渐变、颜色、透明度以及线条类型等属性。遮罩层只提供显示外形,被遮罩层才提供显示内容。

通过上面的练习,相信读者对遮罩层和被遮罩层的关系已经有了一个清晰的认识了。

10.2 静态遮罩

静态遮罩是指用形状作为遮罩。

形状就是一个或多个用 Flash CS6 工具制作的规则或不规则的图形。位图被分解后会变成形状。Flash CS6 中的文字经过两次分解后也会变成形状。

【例 10-2】 制作窗外的风景。

知识点：用多个填充形状作为遮罩，使用标尺、辅助线。

制作步骤：

（1）准备风景图片。

在这个例子中我们用到的风景图片的尺寸为 400 像素×400 像素。新建一个文件，尺寸为 400 像素×400 像素，将准备好的图片导入到当前舞台上。将图层 1 命名为"风景"，如图 10.5 所示的左图。

图 10.5 遮罩显示的风景

（2）准备遮罩。

选择【视图】→【标尺】，用鼠标从标尺开始向下和向右拖出水平、垂直两根辅助线，定位于 x 和 y 方向的 200 像素的位置，将舞台分割为等分的 4 部分。

在风景图层的上方添加一个图层"遮罩 1"，在 mask 图层上用矩形工具画一个 160 像素×160 像素的正方形。

将正方形复制 3 个，参照辅助线，将 4 个正方形均匀分布在舞台上，如图 10.5 所示的中图。

（3）设置遮罩层。

将"遮罩 1"图层设置为遮罩层，遮罩效果如图 10.5 所示的右图。

（4）准备窗框图片。

为了使动画逼真，我们用木纹图片制作木纹窗框。木纹窗框应显示在风景窗口的外围，即图 10.5 右图中白色的、除了风景之外的部分，所以我们还要在显示风景的遮罩图层的上方再创建一个遮罩效果，来显示木纹。

在"遮罩 1"图层的上面添加两个新图层，上下图层分别命名为"遮罩 2"和"木纹"。

将木纹图片（见图 10.6 左图）导入到图层木纹上第 1 关键帧的舞台上，并调整图片与舞台居中。

（5）制作木纹窗框遮罩。

在图层"遮罩 2"第 1 关键帧的舞台上画一个和舞台尺寸相同大小的灰色（或其他颜色，为了与下面用到的黑色小方形颜色区分开）方形，用对齐工具将其调整为与舞台同宽、同高，并与舞台居中对齐。

复制图层"遮罩 1"上的 4 个小方形，选中"遮罩 2"图层上的灰色大方形，再按 Ctrl+Shift+V 组合键，将 4 个小方形粘贴到当前位置。在舞台外或被选中的形状之外单击一下鼠标（取消选中状态），这样大矩形就被分割了。然后依次单击小方形，按 Delete 键，4 个小方形就被删除了，效果如图 10.6 所示的中图。灰色是"遮罩 2"图层上的形状颜色，白色是露出来的下面图层上对象（或舞台）的颜色。

（6）设置遮罩层。

右击图层"遮罩 2"，在弹出的快捷菜单中选择【遮罩层】，则木纹窗框的遮罩效果如图 10.6 所示的右图。

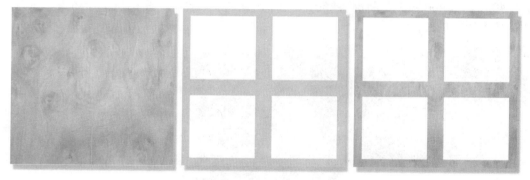

图 10.6　遮罩显示的木纹窗框

为了获得更好的显示效果，可以添加些修饰效果，如在窗框内圈添加"腻子"。读者可以自己试试，这里就不多做说明了。

两组遮罩组合在一起后的最后效果如图 10.7 所示。

图 10.7　窗外风景

如果将窗户制作成可开启的活动窗户，配上动画效果，就可以将这个文件用于动画或 Flash MV 中了。

小技巧：在这个实例中，不要把作为遮罩的 4 个正方形形状转换为图形元件，否则只能有一个方形起遮罩作用，而不是 4 个。

因为文字经过两次分离后会变成形状，所以，可以用文字制作遮罩效果，方法与利用形状制作遮罩效果的方法相同。效果如图 10.8 所示，请读者自行练习。

图 10.8　文字遮罩

10.3　动态遮罩

如果让静止的形状运动起来，就生成了动态遮罩。

【例 10-3】　制作手电筒灯光效果。

知识点：制作遮罩，制作传统补间动画。

制作步骤：

（1）准备图层。

新建一个文件，尺寸为"550×200"。准备三个图层。三个图层从上到下依次命名为"mask"、"light"和"shadow"。将文档背景色设为"黑色"。

（2）准备遮罩。

选中图层 mask 第 1 帧，选择【文字工具】，字体选为"Impact"，字号为"96"，颜色为"#CCCCCC"（浅灰色，为了实现手电筒灯光照到文字时的效果），输入文字"FLASH"，并将文字调整到舞台中心。

（3）准备阴影。

选中图层 shadow 第 1 帧，将图层 mask 舞台上的文字复制、粘贴到图层 shadow 的第 1 帧舞台上的当前位置，将颜色改为"#333333"（深灰色，阴影的颜色）。

（4）准备手电筒灯光。

选中图层 light 第 1 帧，用椭圆工具画一个无笔触颜色、黑白放射渐变填充色的正圆。打开【颜色】面板，将黑色调整为"#999999"（中灰色，为了模仿灯光中心的暗点），然后对调左右油漆桶的位置，即灰色在中间。最后将圆形转换为影片剪辑。

在图层 light 的第 20 和第 40 帧处插入关键帧，将第 20 帧舞台上的圆形影片剪辑移动到文字的右边，然后将第 1~19 帧和第 20~39 帧处设置传统补间。

（5）设置遮罩层。

将图层 mask 设置为遮罩层，效果如图 10.9 所示。

图 10.9　手电筒光照效果

从这个例子中我们发现，遮罩层上的遮罩显示了紧挨在它下面的被遮罩层上的元素。对于在遮罩层和被遮罩层下面的普通图层来说，动画则显示了除了遮罩效果之外的元素。

在这个例子中，下面普通图层上的文字和被遮罩图层上的文字尺寸相同。如果将普通图层上的文字尺寸缩小，效果会怎样？下面的实例就显示了这种效果。

10.4　复杂的遮罩

利用影片剪辑以及多个被遮罩层，可以制作出更加神奇的动画效果。

【例 10-4】　制作放大镜。

知识点：设置遮罩，制作传统补间动画，笔触颜色应用渐变色，变形菜单的水平翻转命令，分离文字。

制作步骤：

（1）准备文字。

在主场景，将当前图层改名为"text"。在当前的舞台上输入一段文字。本例中选择了 Flash CS6 的英文帮助文件中的一段文字。将文字两次分离，使文字成为形状，然后按 Ctrl+G 组合键将文字组合成组，最后将其转换为影片剪辑 text。

小技巧：在制作这种类型的遮罩动画时，请记住一定要将遮罩层上影片剪辑中的文字分离成形状，否则遮罩不会发生作用，不会产生遮罩效果。在有些应用文字的场合，如果制作过程中一切正常，但是始终不能产生预期的效果时，试着把有关文字的元素两次分离、转换为形状，然后再试试看，可能就可以成功了。

（2）准备放大的文字。

在 text 图层的上面插入一个新图层，命名为"bigtext"。这个图层将作为被遮罩层。

将库中的 text 影片剪辑拖到图层 bigtext 的舞台上。用变形面板将文字影片剪辑调整为"150%",然后调整与舞台水平、垂直居中对齐。

现在,时间轴上两个图层包含相同文字,但是上面图层 bigtext 的文字较大,下面图层 text 的文字较小。

(3)准备遮罩。

在图层 bigtext 的上面插入一个新图层,命名为"mask"。选中 mask 图层当前关键帧,在舞台上画一个圆,按 F8 键将其转换为影片剪辑 mask。

(4)制作遮罩补间动画。

隐藏 bigtext 图层。将遮罩影片剪辑移动到舞台垂直方向中心线上、水平方向的左边的位置。在时间轴的 20 帧、22 帧和 45 帧处插入关键帧。

将各帧上的遮罩移动到相应位置,然后将各关键帧设置为传统补间,以便模仿放大镜从左向右移动、然后换行,再次从左移动到右的效果。

(5)设置遮罩层。

选中 mask 图层,将其设置为遮罩层,锁定所有图层,解除隐藏图层,显示所有图层。

按 Ctrl+Enter 组合键,查看效果。在影片剪辑 mask 移动时,mask 下的文字比其外面的文字大。其原理是:遮罩显示的区域显示的是它下面的被遮罩层上的影片剪辑,即放大了文字。而最下层的普通图层不受遮罩控制,其内容是遮罩之外的内容,是正常尺寸的文字。所以从视觉上遮罩显示区域内外文字的差异看起来就像使用了放大镜一样。

为了完善动画、制作出逼真的放大镜放大效果,我们来制作放大镜,然后让放大镜与遮罩图层上的影片剪辑 mask 同步运行,即设置与影片剪辑 mask 相同的传统补间。

(6)制作放大镜镜片。

在新建的文件中新建一个影片剪辑,命名为"放大镜"。这时就自动进入了影片剪辑编辑窗口,在当前舞台上用椭圆工具画一个无笔触颜色正圆,填充色选为黑白径向渐变。在颜色面板上,选中填充颜色后,渐变色编辑条就会显示在面板中。在渐变色编辑条上,最左边油漆桶的颜色对应于圆心的颜色,最右边油漆桶对应于圆的边缘处,从左到右的油漆桶颜色对应于圆心到圆边缘的颜色,如图 10.10 所示。

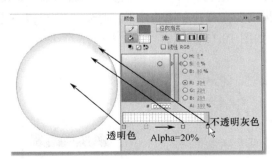

图 10.10 放大镜镜片颜色设置

对于放大镜,圆心部分是透明的,故将最左边白色油漆桶颜色的 Alpha 值调整为"0%",意味着完全透明。将最右边的油漆桶的黑色改为"灰色"(#CCCCCC),最边缘部分可以是不透明的,故保持最右边油漆桶的 Alpha 值为"100%",意思是完全不透明。

为了显示镜片的厚度，将靠近边缘部分设置为半透明的灰色。在靠近左边白色油漆桶处单击一下，添加一个油漆桶，然后将这个新油漆桶拖到中间偏右的位置。从这个油漆桶开始到右边油漆桶的颜色，模拟了放大镜边缘处厚度的变化以及开始模糊的区域。中间的油漆桶颜色的 Alpha 值调整为"20%"，如图 10.10 所示。

（7）制作放大镜镜框。

仍然在放大镜编辑窗口，选择椭圆工具，将填充色选为"无色"，笔触颜色选择"径向渐变"，笔触高度选为"20"。在颜色面板的渐变色编辑条上，将右边油漆桶颜色调整为"灰色"（#666666），在右边油漆桶附近再增加两个油漆桶，将两个油漆桶的颜色值分别调整为"白色"和"灰色"（和右边油漆桶颜色一致）。颜色调整好后，用鼠标在刚绘制好的放大镜片圆形的边缘处单击一下，有立体效果的镜框就环绕在镜片上了，如图 10.11 所示。

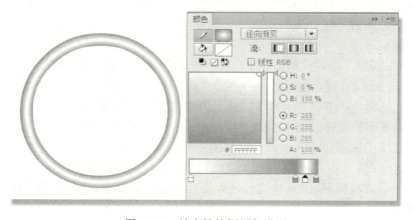

图 10.11　放大镜镜框颜色设置

（8）制作放大镜手柄。

仍然在放大镜编辑窗口，插入一个图层，将新图层拖到原有图层的下面，手柄应该在镜片的下面。为了制作方便起见，将镜片所在图层锁定或隐藏。

选择直线工具，笔触高度选为"40"，颜色选为"线性渐变"，在舞台上拉出一条线段，调整其到合适位置。如果需要亮度在左边的效果，则选择【修改】→【变形】→【水平翻转】，调整渐变色变化方向，如图 10.12 所示。

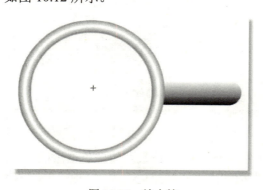

图 10.12　放大镜

(9) 制作放大镜补间动画。

在图层 mask 的上方插入一个新图层 magGlass。选中新图层的第 1 帧，将库中的放大镜影片剪辑拖到当前舞台，选择任意变形工具将放大镜旋转一个角度，然后将其调整到镜片与遮罩重叠的位置。

和图层 mask 相配合，在当前图层的时间轴的 20 帧、22 帧和 45 帧处插入关键帧，调整各帧上的遮罩移动到相应位置，制作与遮罩图层上的影片剪辑 mask 相同的传统补间动画。

最终效果如图 10.13 所示。

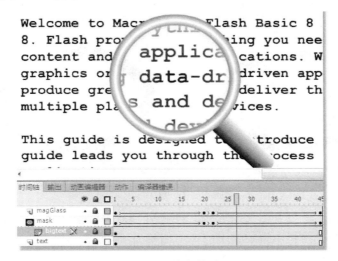

图 10.13　放大镜效果

至此，放大镜制作完成。

从这个实例中，我们学习到：放大镜片内（即遮罩显示的区域）显示的是它下面的被遮罩层上的影片剪辑，即放大了的文字。而放大镜之外的内容是正常文字，是不受遮罩控制的最下层的普通图层。所以从视觉上放大镜内外显示内容的差异（即遮罩显示区域内外文字的差异）看起来就像使用了放大镜一样。

举一反三：利用这个原理，你是否可以制作一个望远镜的效果？

下面的实例是常用的产生奇特效果的遮罩应用。

【例 10-5】　制作水波纹效果。

知识点：与混合模式结合的遮罩效果，制作环形图形，调整形状，制作不可见按钮，制作补间形状。

制作步骤：

(1) 制作影片剪辑。

在这个实例中，我们将利用混合模式生成的效果作为遮罩动画的图像。

打开第 9 章制作的实例文件【水下撞坏的汽车--叠加模式.fla】，按 Shift 键的同时单击源图像和基准图像两个图层的关键帧，在同时选中的两个图层上右击关键帧，在快捷菜单中单击【复制帧】。再新建一个文件，新建一个影片剪辑元件，取名为"car"，右击关键帧然后单击【粘贴帧】,这样"水下撞坏的汽车—叠加模式.fla"中的所有内容就复制到新文件的影片剪辑 car 中。

(2) 制作环形形状。

将当前图层命名为"mask"。

在当前舞台用椭圆工具绘制一个无笔触颜色的黑色椭圆,然后复制、粘贴到当前位置、更换颜色为"灰色"、用变形面板将椭圆调整为"80%",这样黑色椭圆就被灰色椭圆分割了。

注意:这些操作要一气呵成,中间不要取消选中状态。

这时单击中间的灰色椭圆,将其删除,就得到了一个环形形状,如图 10.14 所示。

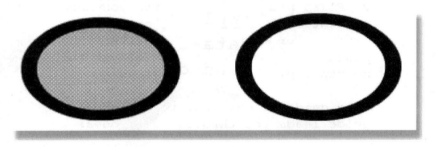

图 10.14 制作环形

在当前时间轴的第 12 帧、28 帧、和 34 帧处插入关键帧。用变形面板,将第 1 帧上的环形缩小为"10%",将第 12 帧上的环形调整为"80%",将第 28 帧上的环形调整为"200%",将第 34 帧上的环形调整为"350%"。注意变形面板上应该选定【约束】,即调整时宽度和高度同时变化,如图 10.15 所示。

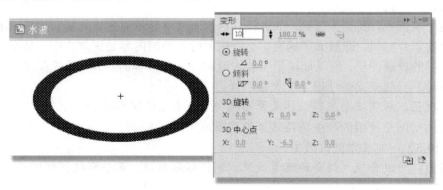

图 10.15 将环形缩小为 10%

这些只是初步调整,后面还要根据图形再做进一步调整。环形调整好后,在各关键帧处设置运动补间。

(3) 设置补间形状。

将第 1 帧、第 12 帧、第 28 帧分别设置为补间形状。

(4) 制作一组环形形状。

单击图层 mask，将图层 mask 上的帧全部选中，右击被选中的帧，选择【复制帧】，然后添加一个新图层，在新图层的帧上选择【粘贴帧】，图层 mask 就被复制到新图层上了。用这个方法再复制 3 个图层，共有 5 个图层。

除了最底层的图层之外，分别将上面的每个图层的所有帧向后错开 4 帧，使得环形依次出现，最后补齐各层最后帧，使其与最长帧数对齐，如图 10.16 所示。

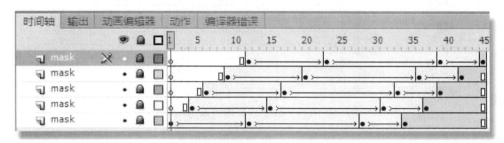

图 10.16　影片剪辑水波各图层

（5）调整环形组。

拖动播放头，查看环形重叠的情况。理想形状是在各环形间有间隙，不要重叠在一起。在后面的一些帧上，环形难免会重叠在一起。这时可以利用选择（黑箭头）工具，调整个别的环形形状，如图 10.17 所示。

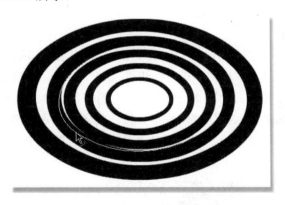

图 10.17　调整环形

（6）制作水波纹。

添加一个图层，命名为"car"，将其拖到最下面，选中第 1 帧，将库中的影片剪辑 car 拖到当前舞台上，并将其调整到舞台中心。

锁定图层 car。在图层 car 的上面添加一个新图层 wave。将图层 car 的关键帧复制到图层 wave，将舞台上的影片剪辑 car 的尺寸调整为"96%"，即此 car 与最底图层上的 car 大小不同。

在各个 mask 图层的下面添加新图层，然后将图层 wave 复制到这些新图层上。然后调整这些图层与其上的图层 mask 开始于相同帧，再将各图层的结束帧对齐于最上层的最后一帧。最后，将各个 mask 图层设置为遮罩层，如图 10.18 所示。

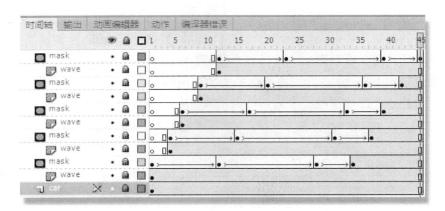

图 10.18　各遮罩和被遮罩图层

至此，水波纹的效果就制作完成了。如果想模拟当鼠标触及画面时才出现水波纹的话，可以再加入下面的步骤。这个步骤不是必需的，不过可以通过本例学习些简单的代码。

（7）调整图层和帧。

按 Shift 键的同时单击最下面的 mask 和 wave 两个图层，这样就选中了两个图层，然后单击被选中的图层并向后拖 1 帧。

在其他图层的第 1 帧按 F5 键，至此，所有图层都向后移动了 1 帧。第 1 帧显示的是最下面的普通图层 car 上的汽车图像。

（8）添加控制按钮。

在最上面插入一个图层，命名为"button"。选中该层第 1 帧，在舞台上画一个椭圆，将椭圆转换为按钮，命名为"btn"，双击按钮进入编辑窗口，将第 1 帧上的椭圆拖到最后一帧，这是一个不可见按钮。如图 10.19 所示，左图中舞台上的不可见按钮是个半透明的蓝色形状；右图显示的是进入按钮编辑窗口，按钮的各帧状态，椭圆形状处于点击帧，而前面的弹起、指针经过和按下帧 3 帧的舞台上是空白的，即这个按钮是无内容的，只有鼠标作用区。

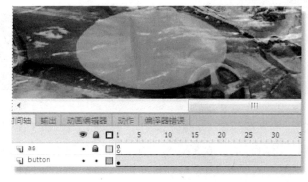 

图 10.19　舞台上的不可见按钮（左）和按钮编辑窗口的各帧（右）

返回主场景，在图层 button 的上面插入一个图层，命名为"as"，选中第 1 帧，单击【动作】面板，输入语句"stop();"，意思是动画在开始时停止不播放。

单击【按钮】，再单击【动作】面板，在动作输入窗口添加下面的语句：
```
on(rollOver){
    gotoAndPlay(2);
}
```
这个语句的含义是：当鼠标滑过按钮时，动画走到时间轴的第 2 帧并播放。

测试动画，效果如图 10.20 所示。

小技巧：制作逼真的水波纹的要点是：确保各环形尽可能不重叠、有间隙，这样各 wave 图层上的图像和 car 图层上的图像的差异才能产生水波纹效果。

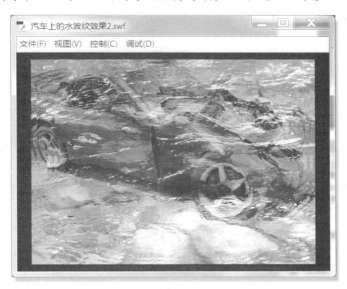

图 10.20 水波纹

【例 10-6】 制作图片切换效果。

知识点：制作遮罩动画，制作传统补间动画。

在这个实例中，我们将制作两种图片切换效果，即两种遮罩效果。

制作步骤：

（1）准备图片。

准备 4 张图片，尺寸均为"800×600"，如图 10.21 所示。

图 10.21 准备 4 张图片

新建一个文件，将准备好的 4 张图片导入到文件的库中。

将当前图层命名为"picture1"。在 picture1 图层的上方插入一个新图层,将其命名为"picture2"。分别在 picture1 和 picture2 图层的第 200 帧处按 F5 键插入帧,所以两个图层各有 200 帧。分别在 picture1 和 picture2 图层的第 50 帧、100 帧、150 帧处按 F6 键,插入关键帧。

选中 picture2 图层,将第 1 张、第 2 张、第 3 张和第 4 张图片分别从库中拖到第 1 帧、第 50 帧、第 100 帧、第 150 帧的舞台上,并且分别将各章图片调整到舞台中心位置。

选中 picture1 图层,将第 4 张、第 1 张、第 2 张和第 3 张图片分别从库中拖到第 1 帧、第 50 帧、第 100 帧、第 150 帧的舞台上,并且分别将各章图片调整到舞台中心位置。

注意:picture1 图层和 picture2 图层上的图片顺序是不同的,请按照上面的顺序排放。

(2)制作遮罩一。

将 picture1 和 picture2 图层锁定。在 picture2 图层的上方添加一个新图层,将其命名为"mask"。

在 mask 图层的舞台上,用矩形工具画一个与舞台尺寸相同的无描绘色的黑色矩形。方法是:画出一个矩形后,打开【对齐】面板,选中矩形,然后按与舞台水平中齐、垂直中齐、匹配宽度、匹配高度。最后锁定 mask 图层。

在 mask 图层的上方添加一个新图层,按 Shift 键,用直线工具画一条 800 像素长的直线(为醒目起见,选择黄色或白色),然后选中直线,按 Ctrl+C、Ctrl+Shift+V 组合键,然后向下移动几个像素。用同样方法复制出 10 条直线,加上原来的直线,舞台上共有 11 条错开的直线。

单击含直线的图层,再打开【对齐】面板,单击【垂直居中分布】,则这 11 条直线在垂直方向上就均匀地分布在舞台上了。删掉最顶部和最底部的两条直线,然后单击含直线的图层,按 Ctrl+X 组合键,剪切 9 条直线,这个用于制作临时线条的图层就可以删除了。

解锁并单击 mask 图层,然后按 Ctrl+Shift+V 组合键,将刚剪切的直线粘贴到 mask 图层的当前位置。至此,这 9 条直线就将 mask 图层上的矩形分割了,如图 10.22 所示的左图。

为了醒目起见,将相隔的矩形条改变颜色,然后删除 9 条直线,效果如图 10.22 所示的右图。

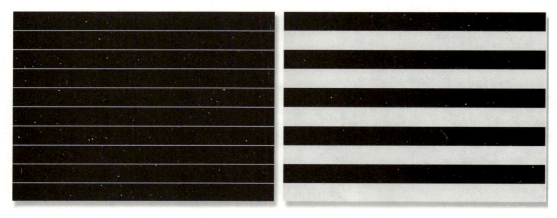

图 10.22　准备矩形条遮罩

(3) 制作遮罩效果 1 动画。

单击 mask 图层，按 F8 键，将全部矩形条转换为影片剪辑 maskMC1。

双击 maskMC1，进入其编辑窗口。将各个矩形条形状分布在不同图层。因为是形状，所以只能用下面的方法将这些形状分布在各不同的图层。

单击一个矩形条，按 Ctrl+X 组合键，新建一个图层，在新图层的舞台上，按 Ctrl+Shift+V 组合键。不停地剪切、粘贴到当前位置，直到所有矩形条都分布到各个图层。

在各个图层时间轴的第 10 帧处插入关键帧。分别将各图层的第 1 帧舞台上的矩形水平向两边移动，移出到舞台外面，适当调整各矩形位置，最好分布得错落有致，如图 10.23 所示。

注：如果将舞台上的矩形条都转换为元件的话，可以用单击【修改】→【时间轴】→【分布到图层】将这些元件轻松地分布在不同图层。请读者自行练习。

图 10.23　补间形状第 1 帧舞台上的矩形分布

然后为各图层设置补间形状。

这里，奇数图层上的矩形是由左向右移动到舞台中央，而偶数图层上的矩形是由右向左移动的。

最后，添加一个图层，将最后帧转换为关键帧，在动作窗口添加命令"stop();"。

回到主场景，将 mask 图层设置为遮罩。按 Ctrl+Enter 组合键，测试动画，效果如图 10.25 所示的左图。

在这个动画中，遮罩将图片从第 1 张切换到下一张。

(4) 制作遮罩效果二动画。

在 mask 图层的第 50 帧、100 帧、150 帧插入关键帧。将第 50 帧和第 150 帧舞台上的影片剪辑删除。

回到主场景，选中 mask 图层的第 50 关键帧，在舞台上画一个无笔触颜色的正圆。选中圆形，将其转换为影片剪辑 maskMC2。

双击影片剪辑 maskMC2，在当前位置编辑它。在当前位置编辑 maskMC2 的好处是可以参照背景中的图片确定遮罩的范围。

在当前图层的第 10 帧插入关键帧。将第 10 帧舞台上的圆的直径调整为"350"，将第 1 帧上的圆调整为"15"。为第 1 帧设置形状补间。

再插入若干个图层，制作相似的形状补间动画，并调整各图层第 1 帧和第 10 帧舞台上圆的位置，使所有第 10 帧上的圆覆盖舞台背景中的图片，如图 10.24 所示的右图。

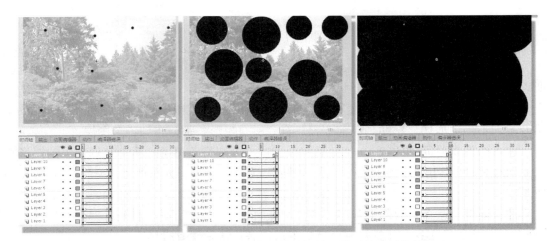

图 10.24 遮罩 maskMC2 的形状补间从开始到结束时的效果

回到主场景，测试动画，效果如图 10.25 所示。第 1 张图片和第 2 张图片交错显示，直到第 2 张图片完全显示出来。

最后在影片剪辑 maskMC2 中插入一个图层并在最后一帧添加"stop();"命令，最终效果如图 10.25 所示的右图。

图 10.25 遮罩 2 的图片切换中的效果

将动画做在影片剪辑中的好处是可以重复使用，当制作其他动画时，可以将动画很容易地拖出、或复制加以利用。

10.5 利用混合模式制作柔和边缘遮罩

在前面第 9 章已经学习过的几种混合模式中，我们只要准备源图像、目标图像，对源图像设置混合模式就可以生成结果图像。而图层、Alpha（透明度）和擦除模式这三种模式比较特殊，因为它们不能单独使用，它们要互相结合在一起使用才能产生效果。例如，图层混合模式必须包含另一种混合模式（Alpha 模式或擦除模式）以及源图像，混合效果才能显现。

10.5.1 图层、Alpha、擦除模式的关系

图层模式须要应用在合成的影片剪辑上，而在这个合成的影片剪辑中，包含了另一种混合模式（Alpha 模式或擦除模式）以及源图像。

在应用 Alpha 模式或擦除模式的影片剪辑中包含了决定最终显示区域的形状。通过设置、调整这个形状的颜色填充方式、透明度等属性，和调整应用了图层的影片剪辑的属性，以及调整目标图像和源图像的位置，我们可以制作出其他混合模式和其他 Flash 工具无法实现的特殊效果，如柔和边缘的遮罩等。如图 10.26 所示的右图，显示了这种柔和边缘遮罩效果。

图 10.26　利用遮罩和利用混合模式制作的模拟手电筒照射效果比较

图 10.26 中，左图是利用遮罩技术创建的模拟手电筒照射水下汽车的效果；而右图是利用图层、Alpha 混合模式制作的模拟手电筒照射水下汽车的效果，两种效果比较，右图是不是更逼真、更接近现实？

Alpha 模式的作用是通过与图层模式结合，提供在源图像中显示目标图像的区域，以及显示的方式。当为提供显示区域的形状组成的影片剪辑设置 Alpha 混合模式后，这个影片剪辑变成了透明的。目标图像通过这个形状与源图像相结合显示在结果图像中。

在图层和 Alpha 模式结合的实例中，目标图像是否被显示在结果图像以及显示的方式，还决定于提供显示区域的形状的透明程度。

擦除模式和 Alpha 模式很相似，也是通过与图层模式结合，提供在源图像中显示目标图像的区域。

将影片剪辑设置为擦除模式后，影片剪辑中的形状变为不可见。利用这个原理，可以让这个形状下面的图像显示出来。可以说，擦除模式和 Alpha 模式既相同又相反。相同之处是它们都通过混合模式的设置，通过形状将目标额图像和源图像叠加显示；不同之处是它们提供显示区域的形状，在 Alpha 模式中的作用是遮罩，而在擦除模式中的作用是擦除。而当将 Alpha 模式中的形状调整为透明度为"0%"（即完全透明）时，其产生的效果和擦除模式一样。

应用图层模式的关键是怎样很好地应用 Alpha 和擦除模式,所以我们将要花更多的时间来学习、练习设置以及应用 Alpha 和擦除模式。

10.5.2 利用图层、Alpha 混合模式创建柔和边缘遮罩

在第 9 章应用混合的实例中,我们只要准备源图像和目标图像,然后将源图像或用源图像生成的影片剪辑元件设置为混合模式,结果就会显示混合后的效果。

而利用图层和 Alpha 模式,源图像应该是包含了另一种混合模式的影片剪辑。整个文件相当于嵌套结构:混合模式嵌套混合模式。下面的实例就是利用这种嵌套结构创建的柔和遮罩效果,学会了这种使用方法,就可以创建出更多的其他特殊效果。

【例 10-7】 创建水下海市蜃楼效果。

知识点:应用图层混合模式和 Alpha 混合模式,设置元件的颜色 Alpha 透明度。

制作步骤:

(1) 准备图片和图层。

将两张图片导入新建的 Flash 文件。准备两个图层并分别命名为"源图像元件"(上面图层)和"目标图像"(下面图层)。

我们将要创建的效果是石林作为海市蜃楼的景象显示在喷泉的底部。在应用图层混合模式和 Alpha 混合模式的场合,应将主图作为源图像,将镶嵌在结果图像中的图像作为目标图像,所以,在这个例子中,将喷泉图片作为源图像,将石林图片视作目标图像。两张原始图片如图 10.27 所示。

图 10.27 两张原始图片

将喷泉图片从库中拖到源图像元件图层的舞台上,然后单击【修改】→【文档】,打开【文档属性】面板,将文档尺寸与喷泉图片尺寸相同(即 600 像素×800 像素),然后将石林图片从库中拖到目标图层的关键帧的舞台上,位置坐标不必精确,后面还要做调整。

(2) 设置图层混合模式。

按 F8 键将源图像元件图层的源图像转换为影片剪辑,命名为"源图像元件"。选中源

图像元件，打开属性面板，选中混合列表中的图层模式，这个影片剪辑就被设置成了图层模式。

（3）设置 Alpha 混合模式。

双击已经被设置了图层混合模式的源图像元件影片剪辑，进入其编辑窗口，将喷泉图片所在图层命名为"源图像"。

在源图像图层的上面添加一个图层，命名为"形状元件"。在形状图层舞台上绘制一个椭圆形状，填充色为纯色。将这个形状转换为影片剪辑，命名为"形状元件"，并打开属性面板将这个影片剪辑设置为 Alpha 混合模式，如图 10.28 所示。

图 10.28　源图像上面的形状元件（左）及其被设置为 Alpha 模式后的样子（右）

回到场景，主时间轴舞台上没有什么变化。这是因为设置成 Alpha 混合模式的影片剪辑中的形状只有为透明或半透明时，混合模式才生效。

（4）调整形状元件中椭圆形状的透明度。

双击舞台上的椭圆形状的影片剪辑形状，进入其编辑窗口，再次双击【影片剪辑】，进入椭圆形状的编辑状态。先单击【椭圆】，再打开【颜色】面板，将 Alpha 调整为"50%"，如图 10.29 所示的左图。如果将 Alpha 设置为"0%"，舞台上的效果如图 10.29 所示的右图。

图 10.29　椭圆的 Alpha 为 50%（左，半透明）和 0%（右，全透明）时的效果

从上面的例子中，我们可以总结如下。

图层混合模式与 Alpha 混合模式结合，通过提供显示区域的形状（这个实例中是椭圆），将目标图像显示在源图像中。

提供显示区域的形状应该设置为透明的颜色。设置为完全透明则在形状区域完全显示目标图像；设置为半透明则将目标图像和源图像重叠显示在形状区域。

我们要制作的效果是喷泉和石林叠加在一起，并且边缘是柔和地融合在一起的。这就要求被设置为 Alpha 的形状中心到边缘的透明度是渐变的。

下面我们接着调整文件，将椭圆显示的区域的边缘变成柔和边框。

（5）修改椭圆形状的填充色为径向渐变。

双击源图像元件图层舞台上的源图像元件，再双击形状元件，进入到椭圆形状的编辑窗口。删除椭圆，按 Shift 键用椭圆工具画一个无描绘色、填充色为黑白径向渐变色的正圆。

单击【正圆】，打开【颜色】面板，在渐变色编辑栏上，单击左边的颜料桶（即对应于正圆中心的颜色），将其 Alpha 值调整为"0"，右边的油漆桶的 Alpha 值不变。这样，正圆的中心是透明的，边缘是不透明的，如图 10.30 所示。

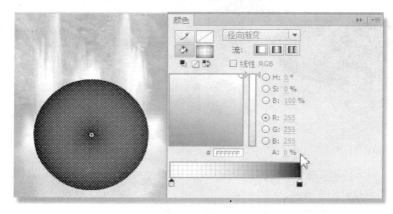

图 10.30　正圆中心的 Alpha 调整为"0"

单击【正圆】，再单击【任意变形工具】，将正圆压扁为椭圆，并将椭圆调整到合适位置。回到场景 1，效果如图 10.31 所示。

图 10.31　用图层和 Alpha 模式创建的海市蜃楼效果

利用图层和擦除混合模式也可以制作出和图 10.31 相同的效果，限于篇幅，这里就不做过多介绍，教材提供了源文件，请读者自行模仿、练习。

实训 10

1．模仿【例 10-7】，制作一个望远镜的效果。

提示：将普通图层上的影片剪辑添加模糊滤镜。

2．修改【例 10-6】，设计制作一个利用几何形状的形变动画作为遮罩的动画来切换图片。

3．修改【例 10-6】，设计制作一个利用传统补间动画制作遮罩来切换图片。

提示：在制作由多个元件组成的遮罩时，可以单击【修改】→【时间轴】→【分布到图层】，将元件轻松地分布在不同图层。

4．利用遮罩技术制作一个倒计时动画，如图 10.32 所示。

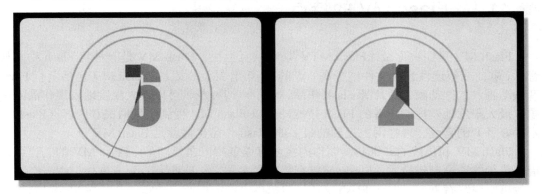

图 10.32　电影倒计时画面

5．模仿【例 10-7】，利用图层和 Alpha 混合模式制作一个柔和遮罩效果。

6．挑战级作业：利用图层和擦除混合模式制作一个柔和遮罩效果。

第 11 章 Flash MV 动画制作技术

11.1 Flash MV 的特点

Flash MV 早期被称做"Flash MTV"。从狭义上说,Flash MV 是一种将 Flash 动画与音乐、歌曲或叙述性音频文件结合在一起的 Flash 作品。广义上,Flash MV 包括所有 Flash 音频动画、二维动画、短片等 Flash 作品。由于声情并茂,可以最大限度地表现作品的主题、最大限度地发挥制作者的 Flash 技能,所以 Flash MV 受到广大网民和闪客(Flash 技术爱好者)的喜爱。现在网上见到的最多的 Flash 作品也许就是 Flash MV 了。

Flash MV 和传统的二维动画制作的技术有很多相似之处,所以 Flash MV 的制作可以借鉴传统的动画制作技术。Flash MV 有情节和主题,一般配有音乐或歌曲,由一个或多个故事组成。有人说,制作 Flash MV 又与拍摄电影很相似,确实如此。在 Flash MV 中,舞台上创作的对象就是电影中的角色;整个 MV 由若干个情节动画组成,就像电影的很多场景组成了完整的电影;动画元素按照制作者的安排行动,生成故事,就像演员按照剧本表演一样。舞台也可以看做是我们的摄影机的取景框,所以用于拍摄电影的一些技术完全可以用于制作 Flash MV 中,如淡入淡出,视角的移动,镜头的推进、拉远,特写等。

本章将简单介绍制作 Flash MV 的最基本技术。如果希望制作一部完美的 Flash MV,本章的知识还远远不够,还需要更多的动画制作技术和知识以及练习,希望这里的知识能引起读者的兴趣,为今后进一步学习提高铺上一个台阶。

11.2 制作 Flash MV 所需的工作

(1)选择一个歌曲或背景音乐,或录制的声音音频文件,确定主题,构思其情节。音频文件不要太长,一般选择不超过 3min 的长度比较合适。

(2)如果要用位图制作动画,在导入文件之前应该将位图进行一些必要的处理。为了在网上流畅地播放，往往要在图片尺寸和质量之间进行权衡。常用工具是 Photoshop 软件。然后将图片导入并将其转换为元件。

（3）将动画中的组成元素制作成可重复使用的元件，区分静止和活动的部分，将活动的人物和移动的景物分解为各个元件，通过重复使用这些元件来组成完整的动作和完整的场景；将要制作渐变动画的部件也制作成元件。

（4）将音乐与内容同步，如果导入的是歌曲的话，要调整歌词与内容的同步位置，调整动画的情节和场景的安排。

（5）制作动画，反复使用元件使人物动起来，使景物动起来，将动起来的人物和景物安排在场景中，构成情节。有时可以将某段动画设置为循环，如人的行走动作，这样可以有效地减小工作量和文件的尺寸。

（6）插入视频，可将视频作为动画的一部分。

（7）发布成 swf 文件，嵌入 HTML 网页，发布到网上。

（8）导出影片/视频，发布到视频分享网站。可导出的视频格式包括 AVI 和 MOV 格式，如图 11.1 所示。

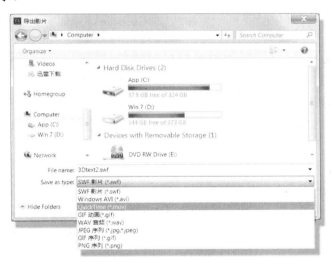

图 11.1　导出影片

制作 Flash MV 时一般要注意以下几个问题。

（1）了解自然规律，如惯性、加速和减速、作用力和反作用力、物体的重量等。如果处理气球和篮球的运动动画时用相同的参数，就不合情理，气球轻，一般向上飘，而篮球很重，会很快落下来。让一根羽毛迅速下落是不真实的。如果在应该设置加速度时设置了减速度，就违背了自然规律，使人感觉不真实。如果一个人在拉绳子时绳子突然断了，人会向后摔到，这就是惯性，在动画中应该模拟这种现象。

（2）处理各种不同材质产生的效果时，使用不同处理方法。柔软的物体被挤压后会有很大程度的变形，而坚硬的物体则不会变形。碰撞到柔软的物体时，声音很小，而碰撞到坚硬的物体时，可能会有很大的声音。对于不同材质，颜色的处理也不同，坚硬而沉重的物体颜色应该较深，而颜色浅的物体则显得重量较轻。如图 11.2 所示，黄色的盒子使人感觉比黑颜色的盒子要轻些。

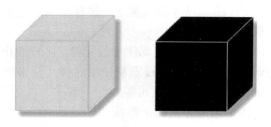

图 11.2　颜色的深浅显示了重量的不同

（3）要记住的是，Flash 图层是从上到下叠加的，上面图层的内容会遮盖下面图层的内容，所以远处的物体或后面的物体以及被遮盖一部分的物体应该放在较下面的图层上，而近处的物体应该放在较上面的图层上，显示全部内容的物体应该放在最上层。

11.3　音乐与动画同步

在制作 Flash MV 时，导入的外部声音文件要设置与动画同步。动画配音的同步方式应该设置为数据流方式，这样才能确保相应的动画内容和声音相对应。数据流式声音与事件声音的特点很不相同。在使用数据流式声音时，Flash 播放器会调整动画的速度使其与声音保持同步，但是当动画过于复杂或机器运行速度很慢时，Flash 播放器会跳过或放弃一些帧，以便与声音保持同步。对于这点，读者应有心理准备，动画效果不要制作得过于复杂，以免影响声音和动画的协调效果。

在制作含有音乐的动画，或为歌曲配动画时，应该在制作的初期将音乐导入，这样可以根据旋律安排场景、情节，以便制作动画。因为在数据流方式下，动画要绑定在旋律上。如果动画制作好后再加入音乐，很可能动画与音乐的旋律不协调，不能互相对应，重新调整动画的内容和帧数将会是一件很麻烦的事。

也可以利用视频来制作 Flash MV，视频取代动画，表现歌曲的主题。下面我们就制作一个这样的简单 Flash MV。

【例 11-1】　制作一个 Flash MV "乡路送我回家"。

知识点：导入视频，导入声音，设置数据流声音属性，编辑声音效果，设置标签。

准备：乡路送我回家（英文名 Country roads take me home）歌曲 MP3 文件，一段视频。

制作步骤：

（1）导入歌曲。

新建一个文件，单击【文件】→【导入】→【导入到库】，将计算机中的歌曲导入到库里。选中主时间轴上的关键帧，在属性面板上的声音名称处选择导入的歌曲"John Denver-Country Roads.mp3"，并将声音的同步选项选为"数据流"，如图 11.3 所示。

图 11.3 加入声音

将当前图层改名为"song"。在图层 song 的时间轴上按 F5 键加入足够帧，大概要加到 4000 多帧，直到声音波形结束，如图 11.4 所示。

图 11.4 加入足够的帧

（2）添加一个图层。

添加的图层命名为"video"，单击【文件】→【导入】→【导入视频】，打开导入视频对话框，如图 11-5 所示。

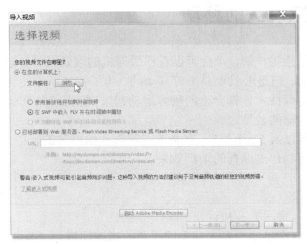

图 11.5 导入视频

提醒：这种导入视频的方式适合导入那些尺寸较短的、没有音频的视频。有音频的视频可能会存在音频和视频（画面）不同步的问题，要小心测试、调节 Flash 的帧频，以便找到音频和画面同步的帧频。

在导入视频对话框中，选"在 SWF 中嵌入 FLV 并在时间轴中播放"。然后单击【浏览】按钮，在计算机中选择要导入的视频，最后点击【下一步】。

视频导入到舞台上后，将视频调整为与舞台左上部对齐，然后打开【文档属性】面板，将文档尺寸调整为与内容对齐。

在时间轴，可以看到视频图层和歌曲图层具有相同多的帧数。

（3）添加歌词。

添加一个图层，命名为"text"。锁定 song 和 video 图层。选中 text 图层，按 Enter 键，播放文件。当听到第 1 句歌词的前 1 帧处按 Enter 键，动画就暂停播放，这是按 F6 键插入关键帧，在舞台上视频的底部输入第 1 句歌词。再次按 Enter 键，动画恢复播放，当第 1 句歌词结束、第 2 句歌词即将开始处再暂停播放，插入关键帧，在舞台上相同位置输入第 2 句歌词。依这种方法不断地播放、暂停、输入歌词，直到动画播放完毕，歌词输入完毕。

（4）调整歌词位置

单击【视图】→【标尺】，标尺就显示在舞台的上方和左侧，这时就可以通过拖动鼠标拉出辅助线。将鼠标停留在左侧标尺处，向右拖动鼠标，在需要定位的地方松开鼠标，浅蓝色的垂直辅助线就出现在舞台上。如果需要水平辅助线，就从上边标尺处向下拖动鼠标。

利用辅助线将歌词调整在相同的水平线或垂直线处，使文字排列整齐。

最后播放效果如图 11.6 所示。

图 11.6　Flash MV 乡路送我回家

11.4　模拟镜头的移动

制作动画好像是拍摄电影，舞台可以看作摄影机的取景框。与电影不同的是，电影的摄影机是可以移动的，但是取景框是不可移动的。为了使场景中的物体运动起来，就要用运动渐变以及其他动画技术使舞台上的物体运动起来。静止的取景框和运动的物体之间的相对运动便产生了运动的效果。

为了制作好动画以及 Flash MV，有必要了解影片拍摄时的一些技术，并利用 Flash 来模拟这些技术，从而制作出逼真的动画效果。

常用技术如下：

① 长镜头。

② 镜头的推近（特写）和拉远。

③ 将摄影机固定在移动座台上从不同视角拍摄连续镜头（视角的移动）。

④ 在垂直方向上移动摄影机进行拍摄。

⑤ 在水平方向上移动摄影机进行拍摄。

下面的实例分别介绍这些技术。

【例 11-2】 制作长镜头效果。

电影中的长镜头是对着一个移动的对象连续拍摄的。在 Flash 中，实际上就是一个运动对象的连续运动的过程。在设计长镜头时不仅要用物体的相对运动来产生动画的效果，还要用不同物体的不同运动速度来产生远近距离感。

用我们的生活经验来理解动画。当人移动时，近处的物体快速地向后退去，而远处的物体移动得很慢，很远处的物体好像没动，甚至好像在跟着人走。在制作长镜头时应该记住的规则是：当一个物体在远处移动时看起来比一个近处的物体运动得慢，所以在设计时，应该将近处的物体设置成较快运动，将远处物体的移动速度调慢。

知识点：制作多个图层上的不同速度的传统补间动画。

制作步骤：

（1）新建一个文件。

尺寸为 764 像素×422 像素。在图层 1 之上再添加 6 个图层，共有 7 个图层。舞台上有 4 部分物体，山脉、海水、沙滩和船。远处和近处的山脉占用 2 个图层；前排、后排椰树各占 2 个图层；海水、沙滩和船占用 3 个图层。将两排山脉、海水、沙滩、两排椰树和船分别转换为元件。

（2）将各个元件放置在各个不同图层。

① 远处的山放在近处的山的下层。

② 沙滩、海水和山脉因为互不重叠，所以沙滩、海水所处的图层可以在山脉图层的上面，也可以在山脉图层的下面。

③ 小船在水面上，被放置在海水图层的上面图层上。

④ 较高大的的椰树放置在较小椰树的上面图层。

⑤ 两个椰树图层应该在所有其他图层的上面。

舞台上的布置如图 11.7 所示。

图 11.7 舞台上的布置

（3）设置传统补间。

除沙滩、海水、远处山的图层不移动外（海水的运动可以忽略不计），其他图层上的对象要设置传统补间。在沙滩、海水、远处山的图层的第 50 帧处插入普通帧，在其他图层的第 50 帧处插入关键帧。

（4）要设置运动补间的图层的远近关系。

从近到远依次为：
- 近处的椰树——运动速度最快；
- 远处的椰树——运动较快；
- 船——运动较慢；
- 近处的山——运动最慢。

远处山的运动可以忽略不计。

在相同时间内，运动的快慢由移动距离的长短区分开来。

所以，可以做出如下处理：
- 将近处的椰树图层第 50 帧处的椰树组向右移动 200 像素；
- 将远处的椰树图层第 50 帧处的椰树组向右移动 160 像素；
- 将船图层第 50 帧处的椰树组向右移动 80 像素；
- 将近处的山图层第 50 帧处的近处山向右移动 40 像素。

移动播放头，检查一下场景中各运动对象的移动速度是否合理。图 11.7 显示了动画中运动的起始位置，终止位置如图 11.8 所示。通过设置不同的运动速度，舞台上的运动物体有了远近距离感。

图 11.8　长镜头

【例 11-3】　制作随镜头推近与拉远的效果。

镜头的推进和特写镜头很相似，是将对象局部放大以便显示得更清楚。而镜头的拉远正好相反，其效果是将舞台上的景物缩小以便看到更大范围的整体效果。制作镜头的拉远，应该准备比舞台更大的图片或元件。

知识点：设置传统补间，使用变形面板。

制作步骤：

（1）新建一个文件，新建一个影片剪辑，命名为"长镜头"。将【例 11-2】中的文件"长镜头.fla"打开，将所有图层上的所有帧复制到这个影片剪辑中。记住关闭原来的文件。

现在仍然在影片剪辑长镜头的编辑窗口，在所有图层的上面插入一个新图层，命名为遮罩，在舞台上绘制一个尺寸为 764 像素×422 像素矩形，移动矩形，使其覆盖住下面图层的主要景物。最后将遮罩图层设置为遮罩层，将其他所有图层都设置为被遮罩层。

图层设置如图 11.9 所示。

图 11.9　影片剪辑里的图层分配

（2）回到主场景，将元件"长镜头"拖入到舞台上，将其与舞台左上角对齐，然后将文档尺寸调整为 764 像素×422 像素（与影片剪辑尺寸一样）。

（3）在第 10 和 20 帧处插入关键帧，将第 20 帧处的元件放大为"200%"，调整元件的位置，将右边的椰树位于舞台的中心位置。在第 10 帧处设置运动渐变。播放动画，镜头被放大了，小船可以看得更清楚了。

（4）在第 30 帧和 40 帧处插入关键帧，将第 40 帧处的元件缩小，从"200%"恢复为"100%"，调整元件到原来的位置。观看动画，景物恢复到原来的尺寸。

特写镜头是在影片剪辑动画运行过程中进行的，即在长镜头的摄制中又推进和拉远了镜头，镜头推进的效果如图 11.10 所示。

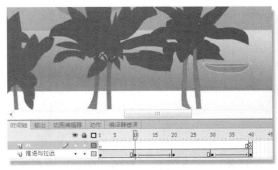 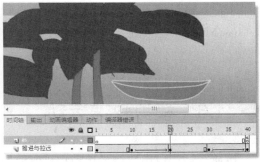

图 11.10　镜头推近的效果

在这个实例中，镜头的拉远是在推近之后进行的，元件从"200%"恢复到"100%"，所以舞台上没有出现空白边缘的情况。如果在正常播放动画时设置镜头拉远动画，就需要舞台上的元件大于舞台尺寸，否则元件周围出现空白，舞台上会出现难看的没有内容的空白区域。

11.5 淡入淡出效果

电影中片头由暗渐渐变亮，结束时又渐渐变暗，这就是淡入淡出的效果。电影中还常出现两个镜头衔接时的淡入淡出效果。在 Flash CS6 中，有许多方法可以实现这些效果。在下面的实例中我们来学习这些技巧。

【例 11-4】 制作淡入淡出的动画效果。

知识点：制作运动补间动画，调整影片剪辑的透明度，共享库资源。

制作步骤：

（1）共享影片剪辑元件。

将"镜头的推近和拉远.fla"文件打开，我们要使用文件中的资源。在库面板上新建一个文件，切换到"镜头的推近和拉远"文件的库，将库中的长镜头元件拖出到新建文件的舞台上，如图 11.11 所示。将元件与舞台左上角对齐，然后将文档的尺寸调整为与内容匹配。然后关闭"镜头的推近和拉远.fla"文件。

图 11.11　共享库资源

（2）设置形状的透明度。

在当前图层的上方添加新图层，在新图层的第 1 帧画一个与舞台尺寸相同的黑色矩形，将矩形转换为图形元件。在时间轴上第 10 帧、第 40 帧和第 50 帧处插入关键帧。选中第 1 帧舞台上的元件，在属性面板将元件的 Alpha 值调整为"0%"，将第 50 帧舞台上的元件的 Alpha 值调整为"0%"，然后在第 1 帧、第 40 帧设置运动补间。

最后，将长镜头元件所在的图层插入普通帧，以便与上面图层取齐。拖动播放头即可看到淡入淡出的效果。

11.6 模拟快速运动

快速运动可以用模糊效果模拟。模糊处理在模拟一些现象时很有效，例如，用模糊图片模拟物体飞速运动，用模糊图片模拟远处的对象等。

过去在制作模糊特效时，常常借助于其他软件，如 Photoshop。现在，Flash CS6 的滤镜功能包含模糊滤镜，不仅可以制作矢量图的效果，而且可以和动画结合，比用 Photoshop 制作的静态滤镜效果更有优越之处。下面我们来学习简单而实用的模糊滤镜的使用方法。

在第 9 章的【例 9-3】中，我们曾经利用模糊滤镜模拟滚动的球快速运动。下面的实例也是用模糊滤镜模仿快速运动的例子。

【例 11-5】 制作骑车加速的动画效果。

知识点：制作传统补间动画，应用模糊滤镜。

制作步骤：

（1）打开第 8 章的文件"骑车男孩"，选中每个图层的第 1 帧内容，将所有这些内容复制到一个新建的文件中，然后转换为影片剪辑，命名为"骑车男孩"。注意，粘贴到新文件后，含有骨骼的内容应该删除骨架。

（2）新建一个图层，将图层拉下到骑车男孩图层的下面。用直线工具画一条斜线。斜线顶部和底部分别向两边延长出水平线。

（3）在第 1 帧舞台上，将男孩放置于斜线顶端的水平线上。

在第 2 帧添加关键帧，将男孩调整到斜线顶端的位置。

在第 9 帧添加关键帧，用任意变形工具将男孩调整角度，使自行车前轮放置于斜线上。

在第 15 帧添加关键帧，用任意变形工具将男孩调整角度，使自行车与斜线平行，两个车轮均在斜线上。

在第 29 帧添加关键帧，用任意变形工具将男孩调整角度，使自行车放置于斜线的底部。

在第 30 帧添加关键帧，用任意变形工具将男孩调整角度，使自行车前轮放置于斜线底部的水平线上。

在第 31 帧添加关键帧，用任意变形工具将男孩调整角度，使自行车放置于底部的水平线上。

然后在第 2 帧、9 帧、15 帧设置传统补间，在属性面板上将缓动调整为"-100"，在第 29 帧、30 帧、31 帧设置传统补间，在属性面板上将缓动调整为"+100"。开始下坡时是加速度，到了坡底开始减速。

（4）设置模糊滤镜。

选中第 15 帧舞台上的男孩（即斜线顶部的男孩），打开【属性】面板，添加【模糊滤镜】，模糊 X 和 Y 均为 5 像素，品质选为"高"。

选中第 29 帧舞台上的男孩（即斜线底部的男孩），打开【属性】面板，添加【模糊滤镜】，模糊 X 和 Y 均为 10 像素，品质选为"高"。

选中斜线底部水平线上的男孩（即第 32 帧舞台上的男孩），打开【属性】面板，添加【模糊滤镜】，模糊 X 和 Y 均为 12 像素，品质选为"高"。随着速度的增加，人影变得越发模糊，模糊值渐渐增大。

骑车男孩在坡顶、开始下坡、下坡途中的设置如图 11.12 所示。

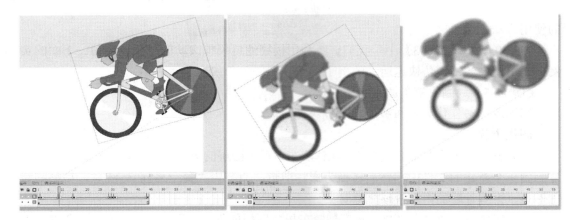

图 11.12 用模糊模拟快速移动

按 Ctrl+Enter 组合键，测试动画。

11.7 模拟慢镜头

大家常常看到电影中的慢镜头，场景中角色动作之慢以至于可以看到每个动作都留下了影子。下面我们用 Flash 来模拟这种慢镜头。

【例 11-6】 制作慢镜头的动画效果。

知识点：制作运动补间动画，应用模糊滤镜。

制作步骤：

（1）新建一个文件，将帧频调整为"8fps"。将 cyclingboy 元件从"骑车男孩"文件导入到新建的文件中。将当前图层改名为"骑车男孩"。

（2）将 cyclingboy 元件放置在当前舞台的右侧，在第 50 帧插入关键帧，将元件移动到舞台的左侧，在两个关键帧之间设置运动渐变。男孩从舞台的右侧骑向左侧。

（3）新建 3 个图层用来放置骑车男孩的影子，并分别命名为"影子 1"、"影子 2"和"影子 3"。因为影子在身后，所以 3 个放置影子的图层均拖到骑车男孩图层的下面。将骑车男孩图层的所有帧分别复制到 3 个图层上，将从上到下的各个图层上的所有帧依次向后拖 1 帧，以最多帧数的影子图层为基准将所有影子在最后 1 帧处取齐。骑车男孩图层多出 1 帧。在所有图层的上面插入一个图层，在最后一帧的动作面板输入"stop();"命令，如图 11.13 所示。

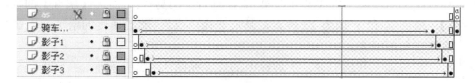

图 11.13 图层分配

（4）分别选定"影子1"图层第2关键帧和最后关键帧上的元件，为其添加【模糊滤镜】，将品质调为"高"，其他值不变。再选中分别选定"影子1"图层第2关键帧和最后关键帧上的元件，将元件的 Alpha 值调整为"30%"。

用同样的方法为其他两个图层上的元件进行相同的设置。

测试动画，观看效果，是不是有点意思，效果如图 11.14 所示。

Flash CS6 软件带有应用滤镜的样本程序，有非常有趣的模拟 3D 动画的程序文件。请在 Flash CS6 的安装目录中的 samples 文件夹下，查看 Graphics 文件夹下的几个文件，将其复制到你的文件夹下，分析、学习、模仿，一定会获益匪浅。

图 11.14　慢镜头

实训 11

1．综合运用本章所学的各项技能，将"骑车加速"文件和"运动中的影子"结合在一起，制作一个带有投影的骑车加速的动画。

2．选一首自己喜欢的歌，做一个 Flash MV。

第 12 章
Flash CS6 视频处理和制作技术

▶ 12.1　Flash 视频的营销意义

有人说："If a picture is worth a thousand words, a video says it all"，意思是：如果一张照片胜过千言万语，一个视频则说明了一切。

现代化快速的生活、工作节奏，使得人们获取信息、资源的方式与几十年前，甚至十几年前相比发生了重大改变。人们希望在有限的时间内获取尽可能多的信息和资源。图像比文字更受欢迎，而视频受欢迎的程度又远远超过图像。这也许就是视频网站在中国乃至全世界火爆的原因吧。

由于数码相机的流行，大多数数码相机又都具有视频拍摄功能，人们可以自己随时随地拍摄、录像，所以使得拍摄视频、欣赏视频变得越来越普遍。而视频网站的流行又为网民们提供了展示个人视频的空间。

用 Flash 可以将已有视频导入到 Flash 进行编辑、加工，甚至加入特效。有创意、有趣、新颖独到的视频很受网友的欢迎。已经有很多视频营销成功的例子，这些具有创意的视频为拍摄者带来众多的浏览者，为其公司带来了不可估量的价值。在网上搜索视频营销成功案例，就可以找到很多这样的好视频。

除了对已有视频进行处理、加工之外，我们还可以用 Flash 动画技术制作动画式视频。利用 Flash 动画式视频，将你的创意变成视频，从而宣传自己、自己的公司，用视频营销。关于用 Flash 动画制作的视频比较成功的有"Did You Know"（中文：你知道吗？）系列英语视频，尤其是"Did You Know 4.0"，群邑互动推出的"指尖上的中国（1 和 2）"等。在这些视频中，一系列枯燥的统计数字通过生动、有趣的动画形象地展示出来，给人以深刻印象。还有英文的"kinetic typography animation"（中文：排版文字动画视频），将要表达的意思用文字动画结合音频生动地表达出来，感觉很有趣。这样的视频在"YouTube"上很受欢迎。

Flash 视频是网络上用得最多的视频格式。浏览视频网站，你会发现，绝大部分网站上的视频都是 Flash 视频。由于世界上 98%的计算机都安装了 Flash 播放器，所以 Flash 格式的视频可以在绝大多数的计算机上播放，不用担心不能播放或须下载某种插件的问题。Flash 视频以 Flash 的流行性及其提供的绝佳视频质量，在网络上迅速流行起来。

12.2 利用 Adobe 媒体编码器转换视频格式

虽然可以导入到 Flash CS6 的视频有很多格式，如 AVI 格式，但是有时候会出现建议你将其先转换为 Flash 视频格式的提示，如图 12.1 所示。

最稳妥的办法是先用 Adobe 的媒体编码器将视频转换为 Flash 视频格式，然后再导入 Flash 进行编辑、加工。

Adobe 的媒体编码器 Media Encoder 可以将很多格式的视频转换成 Flash 视频、MP3 和 MP4。

利用媒体编码器的方法如下。

（1）打开 Adobe 媒体编码器，按左上角队列标签下的【+】，在计算机中选择要转换的文件。

图 12.1　导入某个 AVI 视频时的提示信息

（2）单击导入的视频名称前第 1 个下拉列表（格式下拉列表）按钮，在弹出的菜单中选择希望导出的文件格式。这里可以选择 F4V、FLA、H.264 和 MP3，如图 12.2 所示。如果想将视频转换为音频，则选择 MP3。如果选择 H.264 的话，则输出文件为 MP4 视频文件。

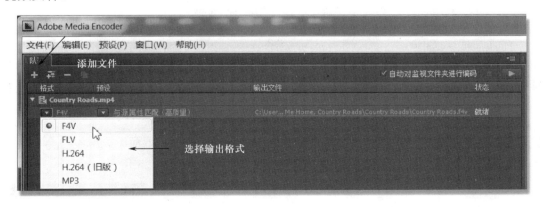

图 12.2　将视频导入 Adobe 媒体编码器

（3）如果选择与源属性匹配（高质量），则保持默认值不变。如果想改变质量选项，则单击第 2 个下拉列表按钮（质量下拉列表），在列表中根据格式、帧速率、帧大小等选择一项合适的选项，如图 12.3 所示。

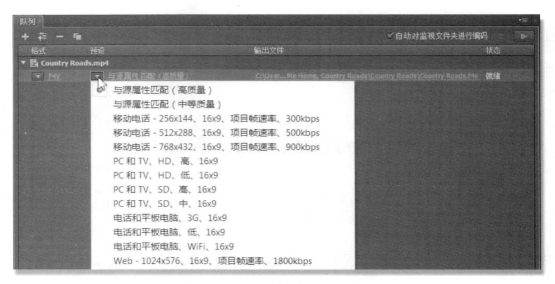

图 12.3　选择导出视频的质量选项

（4）也可以在媒体编码器右边的预设浏览器中进行选择。单击系统预设前的小三角，将其展开，再单击 Flash，展开 Flash 选项列表，在列表中根据格式、帧速率、帧大小等选择一项合适的选项，然后单击右上角的【应用预设】按钮，如图 12.4 所示。

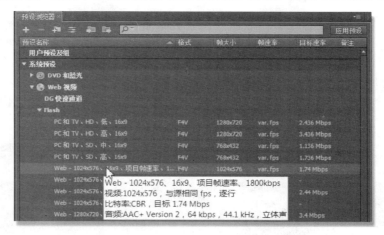

图 12.4　在媒体编码器中选择合适的选项

（5）设定完成后，单击队列标签右侧的绿色三角开始转换。下面编码标签中会出现黄色进度条，当转换完成后，队列标签中会显示完成字样，如图 12.5 所示。

图 12.5　视频转换完成

12.3 使用播放组件加载外部视频

将视频导入到 Flash CS6,有两种方法选择,第 1 种方法是使用播放组件加载外部视频,即为视频添加播放组件(播放条),而视频是独立于 Flash 播放组件的,如果上传到网站,就要把原始视频文件和 Flash 播放组件两个文件同时上传才能播放视频。第 2 种方法是将视频导入到 Flash 主时间轴,或嵌入到 Flash 的影片剪辑中,对于这样的视频,我们可以像处理影片剪辑元件一样对其进行编辑、加工、添加特效等操作。下面我们先了解第 1 种操作方法。

如果只是使用播放组件加载外部视频,即添加播放条对外部视频进行播放,那么可以按照下面的方法处理。

1)导入视频

新建文件后,单击【文件】→【导入】→【导入视频】,确认选中了【在您的计算机上】,然后,单击文件路径后的【浏览】按钮,找到计算机中的视频,如图 12.6 所示。下面的默认选项是"使用播放组建加载外部视频"。

图 12.6　导入计算机中的视频

2)设定外观

在外观列表中有几十项选项,大概可以分为 3 大类:最小型组件(Minima);覆盖型组件(SkinOver);下挂型组件(SkinUnder)。

每类组件中还有若干种皮肤。除此之外,你还可以调用自己自定义的播放组件。

三种播放组件外观如图 12.7 所示,左图为 MinimaSilverAll,意思是最小型银色最全播放组件,中图为 SkinOverAll,意思是覆盖型最全播放组件,右图为 SkinUnderAll,意思是下挂型最全播放组件。

图 12.7　三种播放组件的外形

这 3 种播放组件对应的文件尺寸均不相同。覆盖型播放组件因为是覆盖在视频画面内，所以其文件尺寸与视频尺寸相同。而应用了最小型和下挂型播放组件的文件尺寸要加大文件高度，分别要加 30 像素和 40 像素。

导入视频的操作完成后，Flash 会将相应的播放组件（皮肤）复制到和.fla 文件相同的文件夹中，所以每次导入视频后会生成 4 个文件：播放组件文件（.swf）；视频文件；Flash 视频播放源文件（.fla）；Flash 视频播放文件（.swf）。

如果要放到网上播放的话，要将所有这些文件都一同上传到网站。

小技巧：虽然 Flash CS6 自带了这些外观（皮肤），我们还是可以创造性地制作别具风格的外观。一个很实用而快捷的制作外观的方法是利用 Flash CS6 自带的外观文件，编辑、修改、加进自己的东西，从而生成新的外观。

Flash CS6 自带的外观源文件位于（Windows 7）：

program files（x86） Common/Configuration/FLVPlayback Skins/ActionScript 3.0 文件夹下。

注意修改、编辑前，应该将外观源文件复制到自己的文件夹下，保留系统原有的文件不被破坏。试一试制作一个融入自己风格又具有专业水平界面的外观（皮肤）。

12.4　将视频嵌入到 swf 文件

上一节我们学习了使用播放组件加载外部视频的方法。这一节我们将学习另一种导入视频的方法：嵌入视频。嵌入视频也有两种方式：一种是嵌入到时间轴；另一种是嵌入到影片剪辑。

12.4.1　将视频嵌入到时间轴

首先，了解一下嵌入到时间轴的导入视频的方法。

1．导入视频

新建一个文件，单击【文件】→【导入】→【导入视频】，单击【浏览】按钮，找到计算机中的视频，然后在"选择视频"对话框中选择【在 SWF 中嵌入 FLV 并在时间轴中播放】，单击【下一步】，如图 12.8 所示。

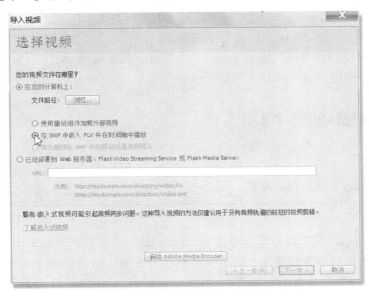

图 12.8 将视频嵌入 FLV 并在时间轴中播放

2．嵌入视频

默认的符号类型选项是"嵌入的视频"。在嵌入视频对话框中，有 3 个选项，这些选项包括：

① 将实例放置在舞台上。
② 如果需要，可扩展时间轴。
③ 包括音频。

如果不希望"包括音频"，可以不选择"包括音频"这项。如果想导入"包含音频"的完整视频，则保持默认选项不变。在符号类型的下拉列表中，还有几项选择，在这里我们保持默认的"嵌入的视频"选项。下节我们选择"影片剪辑"，即将导入的视频嵌入到影片剪辑中。

然后单击【完成】按钮，如图 12.9 所示。

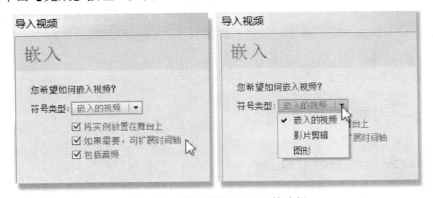

图 12.9 将视频嵌入 Flash 的选择

3. 调整文档尺寸

用对齐面板将视频调整为与舞台左、上对齐。

然后单击【修改】→【文档】，将文档尺寸调整为与内容匹配。

将文件保存为"嵌入到SWF_嵌入的视频.fla"。

这个文件中视频已经嵌入到swf文件中，播放时只要这个swf文件就可以了，如果上传到网页，也只要上传这个swf文件即可。

12.4.2 将视频嵌入到影片剪辑

1. 导入视频

方法同第12.4.1节的导入视频。

2. 嵌入视频

如图12.9所示，这里将符号类型选为"影片剪辑"。其他选项和上例相似，如果不想导入音频，则去掉包括音频选项，否则保持默认值不变。然后单击【完成】。最后将文件保存为"嵌入到SWF_影片剪辑.fla"。

这个例子中的结果与上一例中不同的是，上例中的视频占满了时间轴，而这个例子中，视频只占1帧，实际上这1帧是包含视频的影片剪辑所占的帧，视频分布在影片剪辑的时间轴上了。双击舞台上的影片剪辑，就会看到视频的全部帧。

视频处理技巧：虽然使用最初的原始帧频效果比较好，但是有时也要调整帧频。例如，如果原始帧频过高，对于配置比较低的计算机来说，观赏视频的效果就不会好。这时可能要将帧频调低。

调整帧频的原则是"平均划分原则"。例如，如果原始帧频是24fps，则应将帧频降低为12fps、8fps、6fps、4fps等。如果原始帧频为30fps，则应该将帧频调整为15fps、10fps、6fps等。通常情况下，帧频为12～15fps。用平均划分原则调整帧频，有助于避免音频与图像不同步的问题。

另外，用嵌入到swf文件的方法制作Flash视频时，应该选择短小的视频，视频播放时间不宜过长。

在这个例子中我们发现，制作成的视频文件没有Flash CS6自带的外观（皮肤）。在后面的【例12-1】中，我们将学习如何在将视频导入Flash后添加外观。

12.5 为视频加入特效

用Flash CS6制作视频的优越之处，不仅仅在于我们可以得到高质量、尺寸小的视频影像，还在于我们可以利用Flash CS6提供的诸多功能创造性地制作一些酷效果。本节中的实例将介绍一些方法，希望能触发你的灵感，开阔你的思路。

【例 12-1】 制作一个可翻转的视频。

知识点：设置传统补间，调整影片剪辑的颜色样式，调整影片剪辑的对齐点，使用变形面板，设置水平翻转，使用简单的 ActionScript 代码，设置帧标签。

制作步骤：

（1）打开第 12.4.2 节生成的 Flash 文件"嵌入到 SWF_影片剪辑.fla"，另存为"翻转的视频.fla"。

（2）选中时间轴上的第 1 个关键帧，拖到第 2 帧的位置，使第 1 帧变成空白关键帧。

（3）在时间轴的第 10、11 帧处插入关键帧。选中第 2 帧舞台上的影片剪辑，用变形面板将其尺寸调整为"50%"，在属性面板将其颜色样式中的 Alpha 值调整为"0%"。然后在第 2～9 帧之间设置传统补间。

（4）下面的操作是使影片剪辑水平翻转，因为水平翻转时最好以垂直中心线为基准，这样翻转的效果比较好，所以我们应该首先确定对齐点的位置。对齐点决定了翻转的中心。

选中第 11 帧舞台上的影片剪辑，单击工具栏上的【任意变形工具】，可以发现对齐点不在影片剪辑的中心，而是在左上角。我们要调整对齐点，拖动左上角的对齐点圆点到影片剪辑的中心，如图 12.10 所示。

图 12.10　调整影片剪辑的对齐点

（5）调整好对齐点后，在时间轴的第 20 帧处插入关键帧。选中第 20 帧舞台上的影片剪辑，单击【修改】→【变形】→【水平翻转】菜单项，舞台上的影片剪辑就翻转过来了，如图 12.11 所示。然后在第 11 帧、19 帧之间设置传统补间。

图 12.11　翻转了的影片剪辑

（6）在时间轴的第 21 帧、30 帧处插入关键帧。选中第 30 帧舞台上的影片剪辑，在属性面板上将影片剪辑的尺寸调整为"50%"，Alpha 值调整为"0%"。然后在第 21 帧、29 帧之间设置传统补间。

（7）在当前图层的上方插入两个新图层，加上原来的图层，共 3 个图层，从上到下为图层命名为"as"、"btn"和"mc"。

在 as 图层的时间轴上的第 2 帧、10 帧、11 帧、20 帧、21 帧和 30 帧处插入关键帧，在属性面板为第 2 帧添加标签 go，为第 11 帧添加标签 turn，为第 21 帧添加标签 end，如图 12.12 所示。在第 1 帧、第 10 帧、第 20 帧的动作面板，分别添加代码"stop();"，为第 30 帧添加代码"gotoAndStop(1);"。

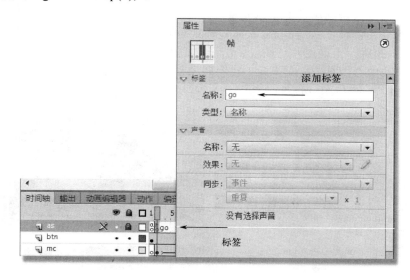

图 12.12　添加标签

（8）锁定其他图层，只保留 btn 图层未锁定。单击【修改】→【文档】菜单项，将文档尺寸的高度调整为 280 像素。舞台上视频下方出现一条空白区域，这是为按钮准备的空间。

单击【窗口】→【公用库】→【按钮】菜单项，从公用库中选择"Button Tube Double"文件夹中的【tube double blue】按钮，将其拖到 btn 图层第 1 帧的舞台上，并将按钮调整到视频画面的下方中心位置。

（9）单击【窗口】→【库】，打开库，右击【tube double blue】按钮，单击快捷菜单中的【直接复制】，复制出两个按钮"tube double blue2"和"tube double blue3"。将"tube double blue2"按钮拖到 btn 图层第 10 帧的舞台上，将"tube double blue3"按钮拖到 btn 图层第 20 帧的舞台上，并调整好按钮的位置。3 个按钮的位置最好一致，其坐标值分别为"160"和"260"。

（10）修改按钮，如图 12.13 所示。在库中将 3 个按钮分别改名"go"、"turn"和"end"。

双击【go】按钮，进入其编辑画面，在 text 图层上将文字 Enter 改为"Go"。

双击【turn】按钮，进入其编辑画面，在 text 图层上将文字 Enter 改为"Turn"。
双击【end】按钮，进入其编辑画面，在 text 图层上将文字 Enter 改为"End"。
（11）为按钮添加代码如图 12.14 所示。
选中 btn 图层第 1 帧舞台上的 go 按钮，为按钮添加代码：
on (release) {
    gotoAndPlay(" go ");
}
选中 btn 图层第 10 帧舞台上的 turn 按钮，为按钮添加代码：
on (release) {
    gotoAndPlay(" turn ");
}
选中 btn 图层第 20 帧舞台上的 end 按钮，为按钮添加代码：
on (release) {
    gotoAndPlay(" end ");
}

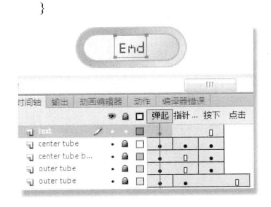

图 12.13　修改按钮上的文字

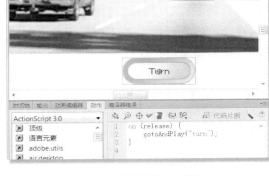

图 12.14　为按钮添加代码

各段代码的含义以及动画原理如下。

（1）当动画开始播放时，播放头停留在第 1 帧，舞台上除了 go 按钮之外是空白的。当单击【go】按钮后，主时间轴的播放头走到标签为 go 的关键帧，视频开始播放，并由透明变成不透明，渐渐显露出来，然后停留在第 10 帧。因为舞台上的视频是放置在影片剪辑中，所以视频的播放不受主时间轴的影响，在影片剪辑的时间轴上照样播放，视频中的汽车照样行驶。

（2）此时主时间轴的舞台上的按钮替换为 turn 按钮。当单击【turn】按钮时，主时间轴的播放头走到标签为 turn 的帧，影片剪辑水平翻转，主时间轴停留在第 20 帧，但视频继续播放。

（3）主时间轴的舞台上的按钮变成了 end 按钮。当单击【end】按钮时，主时间轴的播放头走到标签为 end 的帧，影片剪辑渐渐变小并变成透明、最后消失。主时间轴的播放头走到最后一帧后跳到动画第 1 帧并停下来。视频翻转效果如图 12.15 所示。

图 12.15 翻转的视频

还可以为视频添加标题、说明，甚至音乐。

从这个例子中我们看到，Flash CS6 将视频完全当作影片剪辑来处理，用于影片剪辑的控制、功能都可以应用在含有视频的影片剪辑中。

在上面的实例中，我们知道 Flash CS6 可以像处理影片剪辑一样处理视频。除此之外，还能利用视频做些什么呢？下面的实例中，我们将学习把视频与混合模式结合在一起制作梦幻效果。

【例 12-2】　制作一个梦幻喷泉。

知识点：将视频与滤镜、混合模式结合，调整影片剪辑的颜色样式。

制作步骤：

（1）导入视频。

新建一个文件，将视频文件"starts-static-color.avi"导入到新建的文件中。在导入视频的过程中，利用前面已经学过的"将视频嵌入到影片剪辑"的方法将视频嵌入到影片剪辑。

选中舞台上的视频影片剪辑，选择【修改】→【变形】→【顺时针旋转 90°】菜单项，将视频变成竖直形状，因为在这个实例中用到的图片是竖直形状的。然后用对齐面板将影片剪辑与舞台左边、上边对齐。

打开【文档属性】面板，将文档尺寸调整为"与内容匹配"。

（2）在当前图层的上方插入一个新图层。将两个图层分别命名为"blending"和"video"。选中"blending"图层的关键帧，将一张喷泉图片导入到舞台上，并将图片调整好位置，将其转换为影片剪辑，命名为"喷泉效果"。视频画面和喷泉图片如图 12.16 所示。

（3）在喷泉效果影片剪辑编辑窗口，选中喷泉图片，再次按下 F8 键，将图片转换为影片剪辑，命名为"喷泉"。将第 1 帧舞台上的影片剪辑的 Alpha 设置为"80%"，然后在

第12章　Flash CS6视频处理和制作技术　187

图 12.16　视频画面和喷泉图片

第 20 帧和第 40 帧处插入关键帧，将第 20 帧舞台上的影片剪辑的 Alpha 改为"50%"，并添加【模糊滤镜】。最后在第 1 帧和第 20 帧处创建传统补间。

（4）回到主时间轴的舞台，选中舞台上的影片剪辑"喷泉效果"，打开【属性】面板，在混合下拉列表中选择【滤色】，最后的效果如图 12.17 所示。

图 12.17　梦幻喷泉效果

12.6　将动画转换为视频

动画视频在互联网上很受欢迎。由于动画可以自由地表现我们创意，动画视频是最能展现我们创意、推广我们理念的工具之一。我们可以将任何创意通过 Flash 动画技术制作成创意动画，通过视频形式广为流传。

1. 在 Flash 中将动画导出为视频

Flash 动画可以通过 Flash 的导出功能导出为视频。可以导出的视频格式有 AVI 和 MOV。

【例 12-3】 将手绘史努比动画导出为视频。

知识点：导出视频。

制作步骤：

（1）打开第 5 章的动画文件"手绘 Snoopy.fla"。

检查文件结构，是否包含影片剪辑，是否包含代码。这个文件的所有动画内容都布置在主时间轴，且除了最后一帧上的"stop();"代码之外无任何其他代码，所以可以确定，这个文件可以直接导出为视频。

如果动画文件中包含影片剪辑，那么导出前应进行适当修改，将影片剪辑中的动画元素移动到主时间轴。

（2）单击【文件】→【导出】→【导出影片】，在导出文件类型下拉菜单中，选择"Windows AVI (*.avi)"，或者"QuickTime (*.mov)"，然后单击【确定】，如图 12.18 所示。

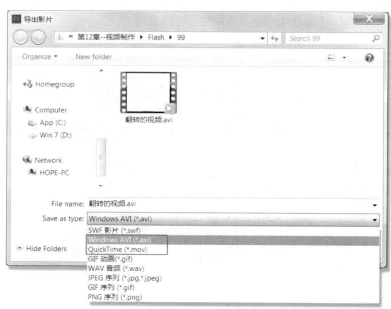

图 12.18　导出视频

视频导出后，就可以上传到各个视频网站上，分享给朋友们了。

因视频尺寸和复杂程度不同，导出所需时间也不同，有的视频导出可能需要很长时间。

2. 几个特别需要注意的因素

制作可导出视频的 Flash 动画时几个特别需要注意的因素。

（1）因为导出为视频后，Flash 中的代码无法被识别，所以所有动画中的按钮控制、AS 代码都将失效。在制作准备导出为视频的动画时，请尽量避免使用 AS 代码，所有内容均由动画工具制作产生，而非由代码生成。

（2）由于主时间轴上的影片剪辑只占 1 帧，在导出视频时，也只导出 1 帧，所以包含有影片剪辑的动画可能不会被完整地导出，所以动画尽可能地在主时间轴完成，而不要包含在影片剪辑里。

3．用视频编辑软件工具录制动画为视频

对于用代码实现的动画、包含影片剪辑的动画以及比较复杂的动画，可以利用视频编辑工具或格式转换工具将 Flash 的动画转换成视频。

这方面的工具软件比较丰富，在搜索引擎搜索"Flash 动画转换成视频"或"视频处理软件"或"视频格式转换软件"，会列出很多相关软件。推荐使用"Camtasia Studio & Recorder"，这是一款很优秀的视频制作、编辑、录制软件，利用它可以将播放的任何视频、动画录制成视频，可以为视频添加字幕，可以对视频编辑、剪切、组合等。

实训 12

1．用自己的数码相机摄制一段视频，然后导入到 Flash，制作 Flash 视频。

2．整理本课程制作的 Flash 动画，构思一个故事或选择一个自己喜爱的歌曲，将这些动画组合，利用学会的 Flash 各种动画制作技术制作一个 Flash 动画或 Flash MV，然后导出或录制成视频。